# 青海省自然资源卫星应用技术平台建设及应用研究

QINGHAI SHENG ZIRAN ZIYUAN WEIXING YINGYONG
JISHU PINGTAI JIANSHE JI YINGYONG YANJIU

张　焜　周　保　马旭燕　马世斌　李宗仁
刘世英　张晓博　李得林　刘锦秀　杨雪松　编著
李晓民　王　佳　沙永莲　张　兴　李根军

中国地质大学出版社
ZHONGGUO DIZHI DAXUE CHUBANSHE

图书在版编目(CIP)数据

青海省自然资源卫星应用技术平台建设及应用研究/张焜等编著. —武汉:中国地质大学出版社,2023.11
ISBN 978-7-5625-5738-8

Ⅰ.①青… Ⅱ.①张… Ⅲ.①地球资源卫星-卫星遥感-研究-青海 Ⅳ.①V474.2

中国国家版本馆CIP数据核字(2023)第242234号

| 青海省自然资源卫星应用技术平台建设及应用研究 | 张 焜 周 保 马旭燕 等编著 |
|---|---|
| 责任编辑:郑济飞　　　　　　　选题策划:段 勇 张 旭 | 责任校对:徐蕾蕾 |
| 出版发行:中国地质大学出版社(武汉市洪山区鲁磨路388号) | 邮编:430074 |
| 电　　话:(027)67883511　　　传　　真:(027)67883580 | E-mail:cbb@cug.edu.cn |
| 经　　销:全国新华书店 | http://cugp.cug.edu.cn |
| 开本:880毫米×1230毫米 1/16 | 字数:407千字　　印张:13 |
| 版次:2023年11月第1版 | 印次:2023年11月第1次印刷 |
| 印刷:武汉精一佳印刷有限公司 | |
| ISBN 978-7-5625-5738-8 | 定价:138.00元 |

如有印装质量问题请与印刷厂联系调换

# 前　言

2018年5月17日，自然资源部科技发展司下发《自然资源部办公厅关于同意建设河北等6个省级卫星应用技术中心的函》（自然资办函〔2018〕254号），批复同意建设"国土资源青海卫星应用技术中心"。2020年7月，自然资源部办公厅下发《自然资源部办公厅关于同意省级卫星应用技术中心建设和调整的函》（自然资办函〔2020〕1268号），中心也随之变更为"自然资源青海卫星应用技术中心"。其目的是充分利用青海省已有卫星遥感应用优势，集聚省级自然资源系统卫星遥感应用力量，建设集数据管理、产品生产、主业应用和应用服务为一体的省级卫星应用技术中心，有效推动自然资源陆地卫星在青海省的遥感应用，为自然资源调查、监测、评价、监管、执法提供卫星遥感数据、信息及产品、技术和业务支撑，着力提高国产卫星服务地方政府自然资源等经济社会发展管理的应用水平，向社会公众提供更加优质的卫星遥感应用产品服务。

2020年12月，青海省科学技术厅会同省发展和改革委员会、省工信厅、省财政厅批复青海省地质调查院建设"青海省遥感大数据工程技术研究中心"。以围绕国家大数据战略、青海省"一优两高"发展战略与面向国家和青海省重大需求为出发点，以提高自主创新能力和市场竞争力为宗旨，以建成产学研用"四位一体"遥感大数据协同创新及产业化基地为目标，在集聚卫星遥感技术、人才、装备优势的基础上，开展遥感大数据应用关键共性技术研发、成果转化、产业化应用等工作。建立高分遥感产业链横向、纵向合作交流平台，在支撑地方政府治理能力和治理体系现代化方面加强遥感大数据产业化应用，进一步推动青海省高分遥感产业发展水平。

为支持"自然资源青海卫星应用技术中心"和"青海省遥感大数据工程技术研究中心"建设，青海省地质矿产勘查开发局下达了"国土资源青海卫星应用技术研发"项目，总体目标是紧密结合自然资源要素、地质灾害遥感调查、生态环境评价等实际需求，积极延伸高分卫星遥感应用的技术链条，整装建设具备高分卫星、多源国产卫星数据快速处理、智能化信息提取、数据服务与综合展示于一体的全链路和业务化运行的青海省国产卫星数据服务平台，开展面向自然资源监管的自然资源与生态状况多源异构时空大数据集成融合与综合服务、自然资源信息智能化提取等关键技术研究，完善全省高分应用工作体系建设，为青海省自然资源管理工作提供技术支持。在总结该项目成果的基础上，结合青海省科学技术厅创新平台建设专项"青海省自然资源要素与生态状况一体化遥感监测应用平台"、青海省科学技术厅重点研发与转化计划项目"青海典型区地质灾害一体化监测关键技术研究与示范应用"、青海省地质矿产勘查开发局计划项目"青海省海西州卫星遥感市级节点建设及示范应用"、青海省地质环境监测总站委托项目"青海省冰川、冰湖自然资源遥感监测"、青海省自然资源遥感中心委托项目"2021年青海省卫片执法动态监测"等项目的部分成果编著了本书。

青海省自然资源卫星应用技术平台基于国产高分遥感数据，面向青海省遥感行业应用示范对卫星数据和专题产品的需求，聚合遥感数据处理、管理、产品生产和信息挖掘关键技术资源，从青海省国产卫星遥感产业化应用推广的需求出发，设计研发了一站式遥感服务平台。该平台实现了国产卫星数据的接收、处理、存储管理与共享分发、遥感智能解译等功能，构建了1个综合数据库、1个支撑平台、"1+1+N"青海省自然资源卫星应用示范体系。该平台是青海省首次整装建成的集数据综合管理、影像自动集群处理、遥感智能解译、综合展示于一体的全链路和业务化的一站式遥感大数据应用平台，为遥感大数据规模化、产业化应用提供了高效保障。依托青海省自然资源卫星应用技术平台，立足自然资源，面向社会多领域，已开通19个数据节点，联合格尔木市自然资源局建设完成"自然资源格尔木卫星应用技术中心"。该中心在青海省第三次全国国土调查、青海省黄河流域生态保护和高质量发展战略、"大棚房"问题专项清理整治、违建别墅清查整治专项行动、土地(矿产)卫片执法、矿业权地质环境恢复治理成效"回头看"、三江源自然保护区退出矿业权地质环境恢复治理成效评估工作、青海省地勘项目绿色勘查遥感动态监测、河湖应急监测、农村乱占耕地建房问题整治等专项工作中发挥了重要作用,提供了多样化的卫星数据和应用产品,已常态化支撑国土卫片执法。基于多源国产卫星数据,进一步构建了面向青海高原的"数据获取-技术方法-典型应用-系统研发"资源环境变化遥感监测技术体系,为3·15青海省达日县草原火灾、5·22果洛州玛多 $M_S7.4$ 地震和1·8海北州门源 $M_S6.9$ 地震应急监测提供了关键信息;提出了多源多尺度及主被动遥感融合的高原冰川要素遥感提取方法,开展了长江源区典型冰川面积变化、冰川高程变化、冰川储量和冰川表面流速等监测工作;建立了基于高原盐湖光谱特性下的总磷、溶解氧等水质参数反演模型,利用ZY-102D卫星开展达布逊盐湖的溶解氧和总磷浓度反演研究;基于岩矿光谱特征参量的矿物识别方法和基于光谱相似性度量的矿物识别方法在青海省3个示范区开展了高光谱矿物识别,较为准确地识别出褐铁矿、绿泥石、黄钾铁矾、绢云母、方解石、白云石、针铁矿、伊利石、高岭石等蚀变矿物;初步建立了青海典型地区地质灾害天空地一体化遥感监测体系,基于时序SBAS-InSAR技术,联合升降轨SAR影像从不同成像几何下反演获取了地表形变信息,结合孕灾背景资料,辅以高分辨率光学影像筛选,开展滑坡隐患早期识别。青海省自然资源卫星应用技术平台充分发挥国产卫星高分辨率、宽覆盖等优势,辐射自然资源调查、高原湖泊监测、卫片执法、地质灾害防治、生态环境监测、冰川监测、应急监测等领域,为行业及区域用户提供空间信息支撑和服务保障,对促进青海国产卫星遥感应用产业化发展具有重要意义。

本书前言、第一章由张焜编写;第二章由马世斌、张晓博、李晓民编写;第三章由马世斌、张晓博、张焜编写;第四章由张焜、李宗仁、李得林、刘锦秀、王佳、沙永莲、杨雪松、张兴、李根军编写;第五章由张焜编写。全书统稿工作由张焜完成。

本书的编写得到了青海省地质矿产勘查开发局、青海省地质调查院、青海省地质环境监测总站、青海省自然资源遥感中心、北京吉威空间信息股份有限公司、泰瑞数创科技(北京)股份有限公司的支持与帮助,以及王秉璋、周保、马旭燕、薛万文、李善平、李五福等诸多领导和专家的悉心指导和支持,谨此一并表示衷心的感谢!

由于作者水平有限,书中错误与不妥之处恳请读者指正!

编著者

2023年4月

# 目 录

**第一章 概 论** (1)
  第一节 现状与背景 (1)
    一、国内遥感卫星发展 (1)
    二、自然资源卫星应用体系建设 (4)
    三、现状分析 (6)
    四、建设的必要性 (9)
  第二节 建设目标 (12)
  第三节 建设内容 (12)

**第二章 总体设计方案** (14)
  第一节 系统架构 (14)
  第二节 系统流程、数据流程及服务架构 (16)
    一、系统流程 (16)
    二、数据流程 (17)
    三、服务架构 (17)
  第三节 数据库设计 (18)
  第四节 平台业务流程 (22)
    一、数据质量检查业务流程 (22)
    二、数据综合管理业务流程 (23)
    三、影像自动处理业务流程 (23)
    四、遥感智能解译业务流程 (24)
    五、共享分发服务业务流程 (25)
    六、综合展示业务流程 (26)
  第五节 平台功能设计 (27)
    一、卫星遥感数据综合管理系统 (27)
    二、卫星影像自动化集群处理系统 (29)
    三、遥感智能解译系统 (31)
    四、遥感数据集成与综合展示系统 (34)

**第三章 平台实现、能力及社会效应** (38)
  第一节 平台实现 (38)
    一、自然资源青海卫星应用技术平台 (38)
    二、卫星遥感数据综合管理系统 (39)
    三、卫星影像自动化处理系统 (40)
    四、遥感智能解译系统 (45)
    五、遥感数据集成与综合展示系统 (48)
  第二节 平台能力 (55)
    一、数据接收情况 (55)
    二、数据处理情况 (56)

  三、数据服务情况 ································································································· (56)
  四、遥感智能解译情况 ························································································ (56)
 第三节 社会效应 ··································································································· (57)

第四章 示范研究 ········································································································ (60)
 第一节 卫片执法 ··································································································· (60)
  一、智能化信息提取 ···························································································· (60)
  二、卫片执法图斑生产 ························································································ (63)
  三、系统测试与应用 ···························································································· (71)
  四、总结与展望 ·································································································· (76)
 第二节 玛多7.4级地震应急监测 ················································································ (76)
  一、地震地质背景 ······························································································· (77)
  二、技术路线 ····································································································· (82)
  三、遥感解译 ····································································································· (83)
  四、结果与讨论 ·································································································· (88)
  五、结论 ··········································································································· (88)
 第三节 2022年门源地震形变监测 ················································································ (89)
  一、区域地质背景 ······························································································· (89)
  二、门源地震形变场分析 ····················································································· (90)
  三、地震震源参数反演 ························································································ (96)
  四、发震构造探讨 ······························································································· (97)
  五、总结 ··········································································································· (98)
 第四节 同仁市滑坡早期识别 ························································································ (98)
  一、研究区概况 ·································································································· (99)
  二、技术路线 ····································································································· (99)
  三、滑坡隐患早期识别 ························································································ (105)
  四、识别结果有效性分析 ····················································································· (108)
  五、典型滑坡隐患特征分析 ·················································································· (109)
  六、结论 ··········································································································· (119)
 第五节 长江源区典型冰川空间变化遥感监测 ··································································· (120)
  一、研究区概况 ·································································································· (120)
  二、数据源 ········································································································ (122)
  三、技术路线 ····································································································· (123)
  四、结果与分析 ·································································································· (127)
  五、结论 ··········································································································· (134)
 第六节 高原盐湖溶解氧和总磷浓度反演 ········································································· (136)
  一、研究区概况 ·································································································· (136)
  二、数据源 ········································································································ (137)
  三、技术路线 ····································································································· (137)
  四、结果与分析 ·································································································· (142)
  五、结论 ··········································································································· (146)
 第七节 资源一号02D卫星地质矿产应用成效 ·································································· (146)
  一、高光谱遥感数据预处理 ·················································································· (146)

二、高光谱遥感矿物识别方法分类 …………………………………………………………（149）
　　三、示范研究 ……………………………………………………………………………（155）
　　四、结果验证与分析 ……………………………………………………………………（162）
　　五、结论 …………………………………………………………………………………（166）
　第八节　卫星应用市（县）级节点建设 ……………………………………………………（166）
　　一、技术路线 ……………………………………………………………………………（167）
　　二、建设内容与方法 ……………………………………………………………………（169）
　　三、市级节点建设成效 …………………………………………………………………（175）
第五章　结论与建议 ……………………………………………………………………………（185）
　一、结论 ……………………………………………………………………………………（185）
　二、问题与建议 ……………………………………………………………………………（187）
参考文献 …………………………………………………………………………………………（189）

# 第一章 概 论

## 第一节 现状与背景

### 一、国内遥感卫星发展

经过近50年的建设，我国对地观测领域积累了一批拥有自主知识产权的核心技术，具备了研究、设计、试验和生产各类人造卫星的基础能力，形成了陆地卫星、气象卫星、海洋卫星三大民用遥感卫星系列。尤其是近10年来高分辨率对地观测系统重大专项、《国家民用空间基础设施中长期发展规划（2015—2025年）》（简称《空基规划》）的实施，极大地提升了我国的卫星研制水平。

**1. 科研卫星发展引领航天事业进步**

我国民用陆地科研卫星，主要有中巴地球资源卫星、高分系列卫星。中巴地球资源卫星是1988年中国和巴西两国政府联合议定书批准，由两国共同投资，联合研制的卫星（代号CBERS）。中巴地球资源卫星由01星、02星、02B星、03星、04星5颗卫星组成。目前，前4颗卫星均已失效，04星在轨稳定运行。2019年12月20日11时22分，我国在太原卫星发射中心用长征四号乙运载火箭，成功将中巴地球资源卫星04A星发射升空。中巴地球资源卫星04A星是中国和巴西两国合作研制的第六颗卫星，将接替中巴地球资源卫星04星获取全球高、中、低分辨率光学遥感数据，可更好地满足两国在国土资源勘查、土地分类、环保监测、气候变化研究、防灾减灾、农作物分类与估产等领域对遥感数据的迫切需求，并可为亚非拉国家提供服务。

高分系列卫星来源于中国高分辨率对地观测重大专项计划（简称高分专项）。高分专项计划于2010年5月启动，在2020年建成中国自主研发的高分辨率对地观测系统。高分系列卫星覆盖从全色、多光谱到高光谱，从光学到雷达，从太阳同步轨道到地球同步轨道等多种类型，最终建设成为一个具有高时空分辨率、高光谱分辨率、高精度观测能力的对地观测系统。高分系列卫星编号从"高分一号"（简称GF-1）开始，目前已全部完成发射任务，主要服务于国家综合防灾减灾、国家安全、资源调查与监测、环境监测与评价、城市化精细管理、国家战略规划支撑及重大工程监测等国家级综合应用领域。

GF-1是中国高分专项首颗卫星，于2013年4月26日发射升空。卫星搭载4个4谱段多光谱相机，2个2 m全色和8 m多光谱相机，分别提供幅宽800 km、16 m分辨率的多光谱影像数据，幅宽60 km、2 m的全色和8 m的多光谱影像数据。GF-1卫星突破了高空间分辨率、多光谱与高时间分辨率结合的光学遥感关键技术瓶颈，主要应用于矿产资源调查与监测，土地利用动态监测，地质灾害监测，水环境、大气环境和生态环境监测，农作物长势监测与估产，城乡规划，水资源和林业资源调查，防灾减灾等领域。

高分二号(简称 GF-2)是中国第一颗亚米级高分辨率民用光学遥感卫星,于 2014 年 8 月 19 日发射升空,标志着中国遥感卫星进入亚米级"高分时代"。卫星搭载 2 台 1 m 全色和 4 m 多光谱相机,空间分辨率可达到 0.8 m,主要用于地质解译、地质灾害调查、矿山开发监测、土地利用监测与变更调查、城乡建设管理、路网规划与灾害应急、道路基础设施监测、森林资源调查、林业生态工程与地质灾害监测等领域。

高分三号(简称 GF-3)是中国首颗空间分辨率达到 1 m 的 C 频段多极化合成孔径雷达成像卫星,于 2016 年 8 月 10 日发射升空。GF-3 也是世界上成像模式最多的雷达卫星,不仅涵盖条带、扫描成像模式,而且可以自由切换聚束、全球观测、高低入射角等 12 种成像模式,实现"一星多用"的效果。GF-3 获取的微波遥感信息可用于地表土壤水分监测、地质灾害预测预警、流域水系特征、地表水分布、洪涝范围、土地利用、植被覆盖等重要领域,同时可以服务于海洋应用,如海浪、海面风场、海洋内波、浅海水下地形、海面溢油、海冰和海面目标等。

高分四号(简称 GF-4)是中国首颗、世界上分辨率最高的地球同步轨道高分辨率遥感卫星,于 2015 年 12 月 29 日发射升空。卫星搭载 1 台 50 m 的全色/多光谱相机和 1 台 400 m 的中波红外面阵相机,地球同步轨道高度为 36 000 km,能够实现对同一区域的持续观测。GF-4 卫星获取的影像数据能够实现水体、堰塞湖、云系、林地、森林火点和气溶胶厚度等识别与变化信息提取,主要用于防灾减灾、气象、地震、林业和环保等领域。

高分五号(简称 GF-5)是中国首颗高光谱卫星,于 2018 年 5 月 9 日发射升空,搭载包括可见短波红外高光谱相机和全谱段光谱成像仪在内的 6 台载荷。GF-5 卫星运行于太阳同步轨道,其中可见短波红外高光谱相机获取 330 个谱段(400～2500 nm)、30 m 分辨率、60 km 幅宽的高光谱影像数据,主要应用于大气环境、水环境和生态保护遥感监测以及固体废弃物遥感、重大工程和环境事故遥感监测、油气资源调查和地质填图等领域。

高分六号(简称 GF-6)是中国首颗用于精准农业观测的低轨光学遥感卫星,又称"高分陆地应急监测卫星",于 2018 年 6 月 2 日发射升空。GF-6 卫星搭载 1 台 2 m 全色/8 m 多光谱高分辨率相机和 1 台 16 m 多光谱中分辨率宽幅相机,并且首次增加"红边"波段以反映作物特有光谱特性。GF-6 与 GF-1 卫星组网运行,主要服务于农业农村、自然资源、应急管理、生态环境等领域。

高分七号(简称 GF-7)是中国高分系列卫星中测图精度要求最高的科研型卫星,于 2019 年 11 月 3 日发射升空。GF-7 搭载双线阵立体相机和激光测高仪等有效载荷,突破了亚米级立体测绘相机技术,能够获取高空间分辨率光学立体观测数据和高精度激光测高数据。GF-7 能够实现民用 1∶10 000 比例尺卫星立体测图(无控定位精度优于平面 3.57 m/高程 0.79 m),测绘能力达世界领先水平,这使得中国成为世界上少数几个掌握成套卫星测绘技术的国家。GF-7 可满足中国基础测绘、全球地理信息保障、城乡建设监测评价、农业调查统计、冰川监测等高精度立体测绘的数据需求。

高分多模卫星是《空基规划》中分辨率最高的光学遥感卫星,全色分辨率 0.42 m,8 谱段多光谱分辨率 1.68 m,幅宽 15 km,无控制点目标定位精度优于 10 m,具有同轨多点目标成像、同轨多条带拼幅成像、同轨多角度成像、同轨立体成像、沿迹主动推扫成像、非沿迹主动推扫成像 6 种成像模式,首次使中国民用光学遥感卫星分辨率达到亚米级,并实现了对任意方向目标的"动中成像"。

L 波段差分干涉 SAR 卫星(陆地探测一号 01 组,LT-1)是我国第一组以干涉为核心任务的 SAR 卫星星座,由 A 星、B 星组成,双星均配置 L 波段合成孔径雷达(SAR)载荷,具有全天时、全天候、多极化对地成像能力,可应用于地质、土地、地震、减灾、测绘、林业等领域。L 波段差分干涉 SAR 卫星由中国航天科技集团有限公司八院研制,是国家民用空间基础设施中长期发展规划的重要组成部分,是该规划首个立项的科研卫星工程。主要用户包括自然资源部(牵头)、应急管理部、国家林业和草原局、中国地震局。L 波段差分干涉 SAR 卫星 A 星于 2022 年 1 月 26 日在我国酒泉卫星发射中心成功发射,运行于

607 km 高度的准太阳同步轨道,搭载了先进的 L 波段多极化多通道 SAR 载荷,具备多种成像模式,最高分辨率 3 m,最大观测幅宽可达 400 km。作为 L 波段差分干涉 SAR 卫星的首颗星,A 星的成功发射标志着我国开启了国产民用干涉 SAR 卫星支撑地质灾害防治的新篇章。2022 年 2 月 27 日,在酒泉卫星发射中心,长征四号丙运载火箭成功将 L 波段差分干涉 SAR 卫星 B 星送入太空,与在轨的 A 星实现双星组网。这标志着我国拥有了首组差分干涉 SAR 卫星,开启了陆地探测新模式。发射后采用双星编队飞行,具备双星绕飞与双星跟飞两种模式,利用干涉测高和差分形变测量技术,实现高精度、全天时、全天候地形测量,地表形变和地质灾害监测等,具备全球领先的地质灾害快速反应能力,为自然资源及相关行业提供重要数据与技术支撑。

在 2010 年实施的高分辨率对地观测系统重大专项及《空基规划》的推动下,高分一号至高分七号与高分多模卫星综合利用可见光、多光谱、红外、高光谱、SAR 等遥感技术,使中国获得了高空间分辨率、高时间分辨率、高光谱分辨率的对地观测、立体测绘和定标能力,使地观测水平得到了极大的提高,遥感关键技术取得重大突破,拥有了国家自主数据源,国产遥感数据使用率达 90% 以上。但所用遥感技术以全色和中短波红外为主,缺乏长波红外,对微波和 SAR 的应用相对较少。后续业务星的实施,将进一步拓展与提升中国遥感卫星载荷谱系和技术水平。

**2. 业务卫星发展驶入快车道**

我国业务卫星发展方面,以 2011 年 12 月 22 日资源一号 02C 卫星发射为重要标志,掀开了民用陆地业务卫星发展的序幕,也带动了业务卫星的快速发展。2015 年 5 月发布的《空基规划》标志着业务卫星发展进入快车道。2016 年 5 月 30 日,《空基规划》首发业务星——资源三号 02 星(ZY3-02)成功发射。资源三号 02 星是 ZY3-01 的后续业务星,于 2016 年 5 月 30 日成功发射。ZY3-02 星是一颗高分辨率立体测图业务卫星,在 ZY3-01 的基础上进行优化,搭载三线阵测绘相机和多光谱相机等有效载荷,前后视相机分辨率由 3.5 m 提高到优于 2.5 m,并搭载了一套试验性激光测高载荷,该星较 ZY3-01 星拥有更优异的影像融合能力、更高的图像高程测量精度。ZY3-02 星投入使用后,与 ZY3-01 组网运行,可使同一地点的重访周期由 5 天缩短至 3 天之内,大幅提高我国 1∶50 000 立体测图信息源的获取能力。

资源三号 03 星(ZY3-03)是资源三号系列卫星的第三颗,于 2020 年 7 月 25 日成功发射,具备多角度立体观测和激光高程控制点测量能力。激光测高仪单点测高精度预计优于 1 m,点间隔约 3.6 km。设计寿命由 ZY3-02 的 5 年延长至 8 年,与目前在轨的 ZY3-01、ZY3-02 共同组成我国立体测绘卫星星座,重访周期从 3 天缩短到 1 天,保证我国高分辨率立体测绘数据的长期稳定获取,具备全球领先的业务化立体观测能力,显著提升我国自然资源立体调查能力,为国民经济建设和社会发展提供基础性数据保障。

2018 年 3 月 31 日,首个民用业务卫星星座 2 米/8 米光学卫星(3 颗)成功发射,开启了自然资源调查监测和保护监管新时代。这是我国自主建造并成功组网运行的首个民用高分辨率业务卫星星座,代表着目前我国民用遥感卫星星座发展的最高水平。3 颗卫星成功组网运行后,将大幅度提高山水林田湖草等自然资源全要素、全覆盖、全天候的实时调查监测能力。

资源一号 02D 卫星(5 米光学卫星)于 2019 年 9 月 12 日成功发射,由自然资源部主持建造,属于《空基规划》的中等分辨率遥感业务卫星。卫星工作在太阳同步轨道上,回归周期为 55 天,设计寿命 5 年。卫星配置可见近红外相机和高光谱相机,发射质量 1840 kg,采用三轴稳定对地定向的控制模式。该星是资源一号 02C 星的接续星,主推光谱分辨率,定位于中等分辨率、大幅宽观测和定量化遥感任务,可提供丰富的地物光谱信息。卫星上的有效载荷重点针对短波红外谱段进行了谱段细分,光谱遥感特性突出,可实现地物的精细化光谱信息调查,满足新时期自然资源监测与调查需求。

2021 年 12 月 26 日 11 时 11 分,我国在太原卫星发射中心用长征四号丙遥三十九运载火箭成功发射资源一号06星(5米光学卫星02星),该星将进一步推进我国陆地资源调查监测卫星业务系统化应用。5米光学卫星02星是《空基规划》中的一颗业务星,运行于太阳同步轨道,主要载荷为可见近红外相机、高光谱相机和红外相机。卫星发射质量约2500 kg,在轨可获取优于5米全色、10米多光谱以及30米高光谱图像数据,具有中等空间分辨率、高光谱分辨率、高时间分辨率的陆地资源遥感观测能力。该星投入使用后将与5米光学卫星01星组网运行,将可见近红外相机国土区域重访时间由3天缩短到2天,有效提高观测时效性,实现高效全球观测,满足现阶段我国自然资源监测与调查、地矿勘测、地质环境监测等业务对中分辨率遥感数据的需求,并服务于减灾、环保、住建、交通、农业、林业、海洋、测绘等行业。

**3. 商业遥感卫星蓬勃发展**

2015年以来,我国商业遥感卫星蓬勃发展,各企业、地方政府掀起了商业遥感卫星发展的小高潮。北京二号于2015年7月11日零时28分发射,星座系统设计寿命7年,北京二号星座由3颗0.8 m分辨率的光学遥感卫星组成,可提供覆盖全球、空间和时间分辨率俱佳的遥感卫星数据和空间信息产品。吉林一号卫星星座是长光卫星技术有限公司在建的核心工程,是我国重要的光学遥感卫星星座。截至2021年9月19日,吉林一号卫星已有29颗卫星在轨运行,是国内规模最大的商业光学遥感卫星星座。高景一号(SuperView-1,SV-1)01/02星于2016年12月28日发射,SuperView-1 03/04星于2018年1月9日发射,两次均以一箭双星的方式成功发射。这4颗卫星以90°夹角在同一轨道运行,组成SuperView-1星座,重访周期缩短至1天。SuperView-1全色分辨率0.5 m,多光谱分辨率2 m,每天可采集300万 $km^2$ 影像,采集效率更高,具备全球范围内任意目标一天内重访的能力。还有珠海一号卫星星座由34颗遥感微纳卫星组成,包括2颗OVS-1视频卫星、10颗OVS-2视频卫星、2颗OUS高分光学卫星、10颗OHS高光谱卫星、2颗SAR卫星以及8颗OIS红外卫星。目前,珠海一号卫星星座已经实现3组共12颗卫星在轨运行。01组2颗OVS-1视频卫星,于2017年6月15日搭载CZ-4B/Y31火箭发射入轨。02组5颗卫星(1颗OVS-2视频卫星和4颗OHS高光谱卫星)于2018年4月26日由CZ-11/Y3火箭以"一箭五星"的方式发射入轨。03组卫星数量及种类与02组相同,于2019年9月19日在酒泉卫星发射中心由CZ-11/Y7火箭以"一箭五星"方式发射入轨。

## 二、自然资源卫星应用体系建设

卫星应用已成为经济建设、社会发展和政府决策的重要支撑。根据《国土资源部关于加强国产卫星应用体系建设的意见》(国土资发〔2016〕144号)和《国土资源部关于开展国土资源省级卫星应用技术中心建设的通知》(国土资函〔2017〕738号)精神,为充分发挥卫星技术在构建现代化国土资源调查监管体系中的关键作用,要加快卫星应用基础能力建设,促进国产卫星数据的规模化应用。加快建设国土资源卫星应用技术体系,创新卫星应用工作机制和服务模式,扩大国产卫星在国土资源系统及相关领域的应用规模和效益,促进国土资源调查监管体系现代化,支撑构建生态国土和智慧国土。在"十三五"期间,选择10个左右基础条件好、应用成效显著、具有带动作用的省(自治区、直辖市),开展卫星应用中心建设试点。建成省级国土资源遥感卫星数据、产品、应用和服务中心,具备支撑和保障行业应用能力,统筹本省(自治区、直辖市)土地调查、地质矿产、地质环境、地质灾害等国土资源领域国产卫星应用需求与产品服务,辐射带动周边区域国土资源卫星在国土资源领域的全面应用,促进国土资源卫星的规模化应用,促进地方国土资源卫星应用与服务水平的提升,增强地方政府国土资源管理决策支持服务能力,为地方社会公众提供优质的产品服务。2018年5月17日,自然资源部科技发展司下发《自然资源部办公厅关于同意建设河北等6个省级卫星应用技术中心的函》(自然资办函〔2018〕254号),获批建设的河北、江苏、山东、四川、青海等地的省级卫星中心陆续成立。2019年,自然资源省级卫星应用技术中心建设驶入快车道,在前期9家省级卫星应用技术中心的基础上,2019年分两批优选了22家省级卫星应用技术中心,形成了覆盖30个省、自治区、直辖市和新疆生产建设兵团的31家省级卫星应用技术中心。其中,自然资源部支撑省级卫星应用从单一数据服务向数据、产品、软件、技术等全方位服务转变,通过卫星遥感云服务平台及时向各省级中心属地化推送卫星遥感数据。

根据2019年全国自然资源工作会议"加快建立贯通部、省、市、县(乡)的卫星应用技术体系"的任务部署,自然资源部科技发展司组织编制了《自然资源省级卫星应用技术中心建设指南》(简称《指南》)。自然资源部要求,充分发挥国产卫星资源优势,利用省级自然资源主管部门已有卫星应用基础,依托具备卫星遥感应用能力的单位,以"一省一中心""资源共享、务实管用"为目标,集聚省级自然资源系统卫星遥感应用力量,建设集数据管理、产品生产、主业应用和应用服务为一体的省级卫星应用技术中心,贯通部、省、市、县(乡)的自然资源卫星应用技术体系,积极推进卫星应用融入自然资源调查、监测、监管、评估、决策等主责主业,着力提高国产卫星服务地方政府自然资源等经济社会发展管理的应用水平,向社会公众提供更加优质的卫星遥感应用产品及服务。

2020年9月,省级卫星应用技术中心建设研讨会在浙江德清召开,会议总结了一年多来省级卫星中心的建设成效和应用亮点。2019年以来,在前期9个省级卫星中心的基础上,分3个批次新增了23个,实现全国31个省(自治区、直辖市)和新疆生产建设兵团的全覆盖,为部省协同和统筹推动构建贯通省、市、县(乡)资源共享、创新高效、务实管用的自然资源卫星应用技术体系奠定了坚实的组织机构保障。贯通了部省数据链路,国土卫星中心和海洋卫星中心在数据、产品、软件和技术服务上,为省级中心提供了全方位的支撑,通过卫星遥感云服务平台或专线及时向各省级中心推送卫星遥感数据,举办了卫星应用技术和应用软件培训班,分3个片区组织开展了海洋卫星应用培训班,协调联动的部省卫星应用技术体系正在形成。部、省、市、县(乡)卫星应用贯通服务试点建设成效明显。下一步,省级卫星中心应从3个方面发力:一是紧盯主责主业,更好地发挥卫星遥感优势。各省级卫星中心要主动对接业务需求,将遥感优势融入主业发展链条,把卫星遥感的技术力量变成动能,为主责主业加速提质。二是部省联动、陆海卫星协同联动。坚持陆海统筹,国土卫星中心和海洋卫星中心要加强对省级卫星中心的业务指导,提供技术支撑与需求保障,更好地发挥部、省两级的联动作用,以使应用效能倍增。三是在能力建设和机制创新上,各省级卫星中心要构建各具特色的卫星遥感应用产品体系,创新服务模式,打通市、县(乡)卫星应用节点,同时拓展农业、环境、水利等其他行业以及市场化应用服务。

2022年4月27日,自然资源部科技发展司组织召开了2022年自然资源卫星应用技术体系建设交流电视电话会议。会议系统总结了2021年自然资源卫星应用技术体系建设进展,解读了2021年底印发的《自然资源省级卫星应用中心建设技术导引》,介绍了自然资源雷达卫星的最新进展和样本库、光谱库、控制点库、数字检校场的建设方案,交流了自然资源部省级卫星应用技术中心的建设经验、应用成效和存在的问题,为"十四五"时期加快推进贯通部、省、市、县(乡)的卫星应用技术体系建设,促进部省协同、形成合力奠定良好的基础。会议强调,各省级中心要立足新发展阶段,继续推动卫星遥感技术紧紧融入业务发展,使之成为自然资源部监管资源、保护资源、利用资源的重要利器,促进自然资源管理方式变革、效率变革。一是巩固基础,凝聚合力。各省级自然资源主管部门要做好统筹谋划,省级中心要将卫星遥感技术通达到自然资源系统各个"神经末梢",促进省级中心各建设单位之间实质性的共建共享。二是拓展服务,提升能力,全力保障主责主业。同时充分发挥自然资源部海量卫星遥感数据和自然资源管理要素信息优势,有效服务地方经济社会发展。三是因地制宜、精准施策,布局市县应用落地。以激发潜在需求、做好应用普及为目标,把易用、好用的产品送到一线人员的桌上、手里。四是加强部省联动,推进共享建设。继续加强部省数据、产品、技术、服务资源统筹共享。五是统筹谋划,积极做好科技创新工作。要以卫星应用技术为切入点,做好科技创新工作的统筹和推进。

我国陆地卫星的快速发展和人工智能等高新技术的广泛应用为重构卫星遥感监测体系奠定了重要

基础。卫星遥感一体化数据采集、处理等对地观测体系已经构建，但自然资源卫星应用技术体系建设尚不成熟，极大地限制了卫星遥感应用综合产品体系的构建以及地方自然资源调查监管体系的现代化。针对我国自然资源保护、国土空间规划实施监督、生态修复及全球变化研究等对土地利用、土地覆盖及相关地表参数指标动态变化信息的需求，基于当前我国陆地卫星观测能力，设计了全球宏观尺度监测及我国陆域范围季度监测、重点区域月度监测及应急事件即时响应的卫星遥感监测体系框架；针对自然资源卫星遥感监测需求，充分运用大数据、人工智能、云计算等高新技术，自然资源部国土卫星遥感应用中心提出了基于工作流的监测生产线智能流转与可插拔模块调度控制、遥感影像样本知识库构建、复杂场景自然资源变化自动提取、自然资源特定目标自动提取和自然资源变化图斑全生命周期管理等技术解决方案，构建了遥感监测业务化应用技术流程，实现了我国陆域范围自然资源全要素季度监测、重点区域高频次精准监测、特定目标即时监测，并在自然资源执法督察和地表水变化等监测中进行应用（王权等，2022）。

## 三、现状分析

### 1. 卫星传感器的波谱范围

目前，国内主要的遥感卫星系列有高分卫星系列（GF）、风云气象卫星系列（FY）、资源卫星系列（ZY）、海洋卫星系列（HY）、环境一号（HJ）、天绘一号（TH）、遥感系列卫星（YG）、尖兵系列侦察卫星和国内其他商业遥感卫星资源，逐步形成了高空间分辨率、高时间分辨率、高光谱分辨率的对地观测系统。经过数十年的发展，中国地球遥感卫星体系逐渐成熟。陆地遥感卫星系统发展最为迅速，对比美国和欧洲的陆地遥感卫星系统，中国卫星传感器数量及类型、空间分辨率和重访周期均处于国际领先水平，GF-5 和 ZY1-02D 高光谱遥感卫星技术等已经处于国际领先水平。但是，中国陆地遥感卫星传感器的波谱范围集中在可见光至近红外波段，热红外波段较少，且单一波段的光谱范围存在较大重叠。此外，陆地遥感卫星的轨道高度较为接近，大多分布在 500～780 km，且较为集中，尤其在 500 km 和 650 km 附近。综上所述，中国在轨的陆地遥感卫星具有传感器类型丰富、体系较为完整、时空分辨率高的优点，但也存在传感器发展不均衡、轨道高度较为接近、同类传感器波谱范围重叠明显的问题，且传感器类型单一、大口径光学发展滞后，高分辨率红外传感器应用较少，高光谱探测集中在可见光到短波红外谱段，红外焦平面探测器、中长波红外高光谱和深低温等技术瓶颈有待进一步突破（李劲东，2022）。

### 2. 国产卫星应用领域

相关文献研究显示，高分卫星系列中，GF-1 的研究热点为数据预处理、数据融合、影像分类、目标识别信息提取等，数据已广泛应用于矿产资源调查与监测，土地利用动态监测，地质灾害监测，水环境、大气环境和生态环境监测，农作物长势监测与估产，城乡规划，水资源和林业资源调查，洪涝，滑坡，泥石流，干旱，地震等领域。在 GF-1 的子类里面出现了干旱指数、反演、冬小麦、大气高光谱探测、地质灾害等主题词，这和当前的研究趋势是吻合的。GF-2 的研究主要在土地利用动态监测、城市精细化管理、交通路网规划、林业资源调查和建筑物提取、基础地质、地质矿产勘查、矿产资源开发、水文地质、工程地质、地质灾害、国土资源管理和突发地质灾害应急调查等方面。GF-3 的研究热点为图像质量、目标识别信息提取，主要用于海域动态监测、船只检测和有效波高检测。GF-4 的研究热点为数据预处理与特征提取，集中在海岸带和水体等区域。GF-5 的研究热点为水环境、大气气溶胶、温室气体、地质矿产勘查等环境要素监测。GF-6 的研究集中在影像的预处理，围绕 GF-7 的激光数据，研究了激光测高数据处理方法，验证了激光测高标准产品的几何精度（李国元等，2021）。资源卫星系列中，资源一号研究热点为影像分类、影像融合、数据预处理,主要应用于土地利用情况、森林面积监测以及矿产资源调查。资源三号的研究热点为区域网平差方法精度验证、纹理特征提取和影像分类,主要应用于测绘、土地利用分类以及地质灾害调查,着重于影像处理立体测图及更大比例尺基础地理信息产品的生产和更新(孙伟伟等,2020)。从应用领域上来看,国产高分卫星能满足大部分农业、林业、海洋和水资源等领域的资源调查工作要求,但是在某些领域如小流域水土流失监测、荒漠化监测、生物量估算、生态评价、环境评价和承载力计算等领域的对地观测能力亟待提升(郭丁等,2022)。高光谱、SAR数据等国产业务卫星应用水平相对较低,长期以来,没有足够的数据保障,高光谱、雷达数据的遥感应用一直处在以航空为基础的研究发展阶段,对其数据的研究和应用还十分有限,也没有对现有的数据信息进行充分利用。

**3. 数据分发和共享机制**

从国内外高分辨率卫星遥感技术现状对比分析和国内取得的关键技术突破可以看出,在国家科技计划的支持和规划建设下,中国形成了丰富的遥感卫星系列,海洋、测绘、气象、高分辨率对地观测卫星和商业遥感卫星分别实现多星小型星座组网观测,高分辨率对地观测遥感与国际领先水平的差距显著缩小,高分辨率光学、SAR遥感技术发展总体达到国际先进水平,基础设施发展规模和部分核心技术国际领先。总体来说,高分卫星的应用研究相对薄弱,且遥感数据分发和面向科研的免费共享机制不够完善。政策上,我国采取了中低分辨率遥感数据免费分发、高分辨率遥感数据授权发放的措施,以推动对地观测数据资源共享和有效利用,提高卫星遥感应用和服务水平。我国对地观测大数据共享仍然面临数据共享政策壁垒、数据规范与质量问题以及数据共享模式的转型等诸多挑战。要实现从对地观测领域的"数据大国"向"数据强国"转变,实现真正意义上的对地观测大数据共享和流通,需要从数据治理体系建设、良好共享生态系统构建和数据共享服务模式创新3个方面开展研究工作,形成可持续的对地观测数据共享新环境(何国金等,2018)。

**4. 卫星数据应用深度**

近年来,中国遥感卫星发展迅猛,卫星遥感进入高分时代,卫星观测体系也已基本成型。中国初步形成了多种分辨率、多谱段、多模式的全球卫星遥感观测与应用能力。但是与卫星数据获取能力的大幅提升相比,我国在资源环境高分辨率、高精度监测方面仍存在诸多瓶颈问题,迫切需要发展面向全国和重点区域的高精度、立体化、全覆盖监测,突破资源环境高分辨率、高精度遥感大数据监测系列关键技术,需要针对国内外多源遥感数据开展立体协同观测、数据融合和归一化处理技术研究,形成光学、微波、激光雷达、高时频等国内外多源卫星协同的立体监测、预警、应急调查技术,建立基于遥感大数据的资源环境要素监测指标体系与方法体系,构建天空地协同的调查监测-分析评价-监督监管综合监测技术体系(张兵,2016)。国家地理信息服务、地图导航、防灾减灾、海洋国土权益、国防安全等方面的应用需求亟须进一步发展智能化、网络化、精细化、高动态、高时空分辨率、高光谱分辨率和高辐射分辨率的卫星遥感技术;卫星数据深度应用、遥感数据与大数据、云计算、人工智能技术的融合等存在不足,卫星遥感的好用、易用性还有待提升(李劲东,2022)。目前,遥感大数据已成为综合国力提升和社会文明进步的重要支撑,基于遥感大数据进行生态环境监测和政府精细化管理的需求应运而生,这一发展趋势不仅为用户提供了高效、精准的管理与监督手段,更对遥感技术在各领域的应用突破和潜力挖掘起到了不可小觑的推动作用,使得遥感研究与行业监管相辅相成,齐头并进。同时,建立区域遥感大数据设施和服务体系,可以实现多机构数据资源的互联互通、数据综合发现和便捷数据使用,打破政策限制和成本限制。这将会大大提高信息生产商和终端用户对国产存档数据的综合使用能力,通过与其他科学数据、社会经济数据和互联网动态数据的大数据融合使用,更大限度地增强国产地球观测大数据的挖掘和组织能力,提高数据的重复利用率,服务于区域社会经济发展,支撑新型空间信息产业化的应用。

### 5. 卫星遥感监测体系

2019年以来，在自然资源部的大力推动下，实现了全国31个省（自治区、直辖市）和新疆生产建设兵团的自然资源省级卫星中心全覆盖，部、省两级卫星应用技术体系已经初步贯通。在自然资源领域方面，面向行业应用的规模化遥感综合处理能力相对较弱、遥感模型研究相对较少、自然资源要素全过程遥感监测方法研究不足、定量化的研究评估深度不够、自动化遥感解译水平低等问题仍亟待解决。迫切需要提高国产卫星数据产品的生产能力，提升国产卫星的应用水平，服务于资源、能源、生态与健康环境、自然灾害等监测与预警等行业领域，搭建起科学研究和行业应用之间的桥梁，为行业部门业务运行提供切实可行的技术支撑。未来针对陆地资源精准监管、可持续利用评价和全球变化应对等需求，仍需要进一步拓展卫星遥感监测深度、广度和进一步提升遥感监测能力水平，持续健全、完善陆地卫星监测体系，持续加强陆地卫星遥感监测能力建设，进一步提升自动变化发现和信息提取的业务化支撑能力，拓展样本知识库，提高建设用地、耕地、园地、林地、草地、湿地等自然资源全要素信息智能化提取精度、效率和能力，全面提升监测自动化和智能化水平，不断适应国产卫星数据的爆炸式增长，并逐步满足自然资源管理等对高质量卫星遥感信息产品的需求，开展多源多载荷数据协同监测应用研究。通过多源数据时-空-谱融合和多尺度数据集成，增强样本、特征、模型的泛化能力，提高自然资源遥感定量反演、要素识别和协同监测能力，充分挖掘各类自然资源卫星数据的应用潜能，实现面向全社会、各行业的卫星遥感产品持续稳定供给；加强新型载荷数据应用研究。通过对高光谱卫星遥感载荷和数据特点的分析，优化高光谱自然资源质量、生态要素定量反演技术，面向陆地水储量、湖库水量变化、河川径流及冰川物质平衡监测、地球科学研究等需要开展自然资源三维监测等技术方法研究等，不断丰富、发展陆地卫星遥感监测理论和方法（王权等，2022）。

同时，为实现我国遥感卫星应用服务体系与服务能力的现代化，由业务服务型向体系效能型的跨越转变，应基于顶层设计指引，构建天地一体化的感知骨干网、管控数传工具网，实施重大应用示范工程，建强国家型谱化数据源、各类定量应用库、云产业生态平台，以此由卫星工程向卫星应用工程转型升级，构建内涵完整的国家民用空间基础设施（赵文波等，2021）。以能够实现对自然、环境、灾害和安全重大事件的快速响应与精准服务为目标，科学地构建和优化高分辨率对地观测系统的布局，实现任务驱动下的多平台、多分辨率、多传感器系统的集成与聚焦服务（李德仁等，2012）。

### 6. 平台建设

在遥感大数据时代背景下，遥感云计算平台的出现改变了遥感数据处理和分析的传统模式，极大地提高了运算效率，使得全球尺度的快速分析成为可能。2011年1月至2021年4月与遥感云计算平台相关的文献显示：国内外基于遥感云计算平台的应用研究均呈上升趋势，中国和美国是利用遥感云计算平台进行研究最活跃的国家，中国科学院是最活跃的机构；通过遥感云计算平台开展的研究热点领域集中在土地覆盖/土地利用变化（包括大范围农田制图等）、植被变化（包括全球森林变化、物候、产量估算、植物蒸腾等）、气候变化（包括气候变化、降水等）、水文（包括地表水等）、自然灾害（包括干旱、水涝、旱灾监测等）等相关应用方面。利用遥感云计算平台开展的研究正处于发展上升阶段，其中美国的谷歌地球引擎GEE应用最为广泛。虽然遥感云计算平台正处于快速发展阶段，但其还有一定局限性，例如存储和计算资源的有限、信息服务层次的欠缺、部分数据类型的限制和数据质量控制的不统一等问题正限制着遥感云计算平台的进一步应用（闫凯等，2022）。当前遥感云计算平台利用"互联网＋"的创新模式和产品充分利用了互联网海量数据资源与交互式大数据计算服务能力，简化了传统遥感平台数据下载、分发及处理模式，极大地提高了遥感数据运算效率，降低了遥感数据应用的准入门槛。但这些创新只改善了传统遥感应用的模式，提高了卫星影像的应用效率，本质上并没有改变传统遥感面向的用户群体和用户需求，相比卫星通信和卫星导航，卫星遥感还远远达不到全天时、全天候、全地域服务于每个人的目标，用户需求还主要是面向国家和行业部门,遥感数据获取仍存在重复、盲目、不及时、与用户脱节、大量数据闲置等一系列问题。遥感云平台提出了一套卫星遥感和互联网结合的地球实时变化监测在线服务云平台,提供了一种传统数据查询、订购的云平台向基于变化信息实时监测与定点更新服务的云平台跨越的设计思路(付东杰等,2021)。

自然资源卫星遥感云服务平台综合运用"互联网+"、云服务、云计算等新技术,通过关键技术攻关,建立了自然资源遥感监测监管模式并实现业务化运行(http://sasclouds.com/chinese/platform/platformIntro/description)。项目成果为政府、行业、产业和大众提供具有统一基准影像及产品的标准化和专业化服务,提高国产卫星遥感数据的应用范围和使用效率,提升国产高分辨率遥感影像的分发服务水平与应用服务能力。该平台以共享服务为目标,以即时在线高效深入利用卫星遥感数据资源为模式,面向全球、全社会、全行业、多领域、多环节,从宏观、中观、微观3个层次为政府部门、行业单位和社会公众等用户分类提供多平台、多时相、多尺度、多层次、多维度的一站式遥感数据、信息、服务,有效降低用户生产、研发、管理及使用成本和对软硬件设备的依赖度,支撑用户利用卫星遥感开展地表覆盖/土地利用变化监测以及自然资源调查、监测、评价等管理工作;海南省遥感大数据服务平台重点攻克了大规模空间观测数据和信息产品共享中的多项关键技术难题,消除目前空间数据分散和信息孤岛现象,提高空间信息获取的准确性和时效性,实现信息资源共享和高效服务。在天空地一体化遥感大数据服务平台下,围绕海岸带、农业、林业、旅游、城市环境等典型行业领域开展应用示范(张丽等,2019);河北省在分析系统目标、系统流程、功能模块和关键技术等的基础上,采用B/S和C/S结构相融合的模式构建了河北省山水林田湖草生态保护修复遥感信息服务平台,实现了工程进度和治理效果的全过程监测以及信息的浏览、查询与发布,具备数据自动分类入库、数据统计、数据检索与订购、数据审批管理、工作动态发布、应用案例展示等功能,为山水林田湖草统筹治理、工程规划提供信息服务和决策支持(杨斌等,2021);宁夏回族自治区搭建了遥感大数据平台,为生态监测产品自动化生产提供支撑(闫亭廷等,2021);江苏省以省域遥感监测成果数据为基础,利用地理信息系统、遥感、Web等技术建成省域自然资源遥感动态监测服务平台,实现遥感监测成果数据入库、管理、统计分析等一体化管理与应用,提高土地执法、耕地保护等自然资源监测信息化水平,提升遥感监测成果管理应用与决策分析能力(颜怀成等,2021);云南省从高分遥感产业化应用推广的需求出发,设计研发了云南省高分遥感综合应用支撑平台,实现高分遥感数据的接收、处理、存储管理与共享分发等功能(张富华等,2022)。

## 四、建设的必要性

**1. 黄河流域生态保护和高质量发展的需要**

2020年中共青海省委、青海省人民政府印发关于《保护中华水塔行动纲要(2020—2025年)》的通知(青发〔2020〕10号),明确提出了"遥感监测能力提升工程",要求"升级完善青海省卫星应用中心基础能力,提升红外、雷达、光学等多源协同遥感反演能力,建设高分遥感数据一站式服务系统"。结合重大国家战略的"黄河流域生态保护和高质量发展",认真落实省委、省政府《保护中华水塔行动纲要(2020—2025年)》,通过青海省自然资源卫星应用技术平台建设,将实现大范围、宽覆盖、多时相等多源遥感数据的高性能处理分析与业务应用;开展青海省自然资源要素、地质灾害、生态状况、冰川冻土、冰雪消融、冰湖溃决和人类活动等要素的时空变化综合遥感调查,综合分析青海省重大生态问题与自然资源要素的空间格局变化特征,从周期性变化监测到长时间序列遥感监测,揭示自然资源、生态状况变化及其演变机制。能够进一步掌握青藏高原环境变化机理,为黄河流域生态安全以及高质量发展提供重要依据和技术手段,有助于构建黄河流域生态环境保护的长效机制,协调区域生态环境保护与社会经济发展间的关系,探寻黄河流域生态保护和高质量发展的绿色发展路径。通过遥感工作进行调查评价和监测,源源不断地为决策部门提供不可或缺的遥感信息,是青海省实施国家战略的必然要求。

青海位于"地球第三极",不仅是国家重要的生态安全屏障,也是北半球气候敏感启动区、全球生态系统调节稳定器和高寒生物自然物种资源库,是"中华水塔"和"具有全球意义的生物多样性重要地区",在构筑国家安全生态屏障中肩负着重大历史责任。在全球气候变暖的影响下,亚洲水塔发生失衡变化,这包括河湖变迁、冰川退缩、冻土退化、冰湖溃决、冰崩、泥石流等对人类生存环境和经济社会发展造成重大影响的过程,青藏高原的气候变化牵动着世界的神经,细微变化都可能影响全中国乃至全世界的生态环境。高海拔使得青藏高原的升温效应比其他地区更为显著,这里已成为全球对气候变化最敏感、受害最严重的地区之一。2021年10月8日,中共中央、国务院印发了《黄河流域生态保护和高质量发展规划纲要》,并发出通知,要求各地区各部门结合实际认真贯彻落实。明确提出了筑牢"中华水塔",要从系统工程和全局角度,整体施策、多措并举,全面保护三江源地区山水林田湖草沙冰生态要素,恢复生物多样性,实现生态良性循环发展。有效保护修复高寒草甸、草原等重要生态系统。加大对扎陵湖、鄂陵湖、约古宗列曲、玛多河湖泊群等河湖保护力度,维持天然状态,严格管控流经城镇河段岸线,全面禁止河湖周边采矿、采砂、渔猎等活动,科学确定旅游规模。系统梳理高原湿地分布状况,对中度及以上退化区域实施封禁保护,恢复退化湿地生态功能和周边植被,遏制沼泽湿地萎缩趋势。持续开展气候变化对冰川和高原冻土影响的研究评估,建立生态系统趋势性变化监测和风险预警体系,建设好三江源国家公园。青海省把生态保护优先作为第一抉择,把保护"地球第三极"作为最大担当,全力打造山水林田湖草沙冰保护和系统治理新高地,统筹推进山水林田湖草沙冰系统治理,保护好青海的雪山冰川、江源流域、湖泊湿地、草原草甸、沙地荒漠。

**2. 自然资源"两统一"职责的需要**

《自然资源调查监测体系构建总体方案》(自然资发〔2020〕15号)、《地表基质分类方案(试行)》(自然资办发〔2020〕59号)要求,紧密围绕自然资源"两统一"职责和业务需求,把握自然资源调查监测工作的系统性、整体性和重构性,以空间信息、人工智能、大数据等先进技术为手段,构建高效的自然资源调查监测技术体系。提出要围绕统一调查监测的总体目标,开展自然资源统一调查、监测、数据库建设、分析评价和成果应用,从法规制度、标准、技术以及质量管理4个方面建设自然资源调查监测业务体系。以自然资源调查监测成果数据为核心内容,以基础地理信息为框架,以数字高程模型、数字表面模型为基底,以高分辨率遥感影像为覆盖背景,利用三维可视化技术,将基础调查获得的共性信息层与专项调查的特性信息层进行空间叠加,形成地表覆盖层。叠加各类审批规划等管理界线以及相关的经济社会、人文地理等信息,形成管理层。建成自然资源三维立体时空数据库,直观反映自然资源的空间分布及变化特征,实现对各类自然资源的综合管理。针对《自然资源调查监测技术体系》构建的发展方向,技术研发的主要任务包括"空天地海网"一体化协同感知网络体系构建、信息自动处理平台研发、时空场景模型构建、自然资源时空知识服务系统研发等方向(陈军等,2022)。随着青海省自然资源卫星应用技术平台建设的实施,能够切实地做好该技术体系在青海高原的构建与推广应用,对于准确、及时地掌握国家和地方的自然资源时空分布状况,提供宏观决策和微观管理所需的科学数据具有重大意义。比如:卫星数据获取的及时性、有效性将得到极大提升,能够及时掌握青海省矿山开发秩序、土地利用动态变化及矿山环境变化情况,可为青海省自然资源管理工作提供更加强有力的技术支持,并可助力三江源国家公园、祁连山国家公园的生态环境保护。青海省自然资源卫星应用技术平台建设的实施也将有利于政府部门及时、有效地掌握土地资源状况和变化,进行科学全面的管理是保障青海省资源、环境、经济、社会协调可持续发展的重要技术支撑。

《青海省贯彻〈数字乡村发展战略纲要〉的实施意见》明确提出要建设自然资源空间信息库,以山水林田湖草系统治理数据作为专项数据纳入信息库,建立健全自然资源遥感监测"一张图"和综合监管平台。为进一步推进"数字青海"建设,贯彻《青海省数字经济发展实施意见》文件精神,提升自然资源管理的一体化、精细化和智能化水平,实现自然资源保护和节约利用,促进生态文明建设,为"数字青海"建设提供基础支撑,为青海省"两新""三区"建设提供基础数据支撑。

**3. 提升自然灾害防治能力的需要**

经过多年技术攻关和群防群测工作积累,遥感技术在地质灾害风险调查和隐患排查方面取得了明显成效,下一步将综合运用合成孔径雷达测量、高分辨率卫星遥感、无人机遥感、机载激光雷达测量等多种新技术、新手段,进一步提高全国地质灾害调查评价精度,搞清楚"隐患点在哪里"。2019年5月,自然资源部发布《地质灾害防治三年行动实施纲要》,该文件提出搭建"部级地质灾害综合遥感识别平台",构建广域地表形变InSAR监测平台,完成1个国家级中心和N个重点防治省级中心,逐步引领带动其他省份加入隐患早期识别体系;2021年10月8日中共中央、国务院印发的《黄河流域生态保护和高质量发展规划纲要》要求各地区、各部门结合实际认真贯彻落实,并提出了"运用物联网、卫星遥感、无人机等技术手段,强化对水文、气象、地灾、雨情、凌情、旱情等状况的动态监测和科学分析,搭建综合数字化平台,实现数据资源跨地区、跨部门互通共享"。我国已具备海量的国产卫星数据(包括高分一号、高分一号B星、高分一号C星、高分一号D星、高分二号、高分六号、高分七号、资源一号02C、资源一号02D、资源三号01星、资源三号02星、资源三号03星等),2021年青海省的国产卫星数据覆盖量达27 681.87 GB以上。2022年1月26日,我国L-SAR 01组A星成功发射;2022年2月27日L-SAR 01组B星发射升空,作为陆地探测一号01组卫星的重要组成部分,B星将与先前发射的A星实现在轨组网,构建全球首个用于地表形变干涉测量应用的L波段双星星座,可实现大尺度、毫米级高精度地表形变监测,有效支撑地面沉降、滑坡、地面塌陷、地震形变等行业应用,是解决复杂地区重大地质灾害隐患早期识别问题的利器,也是服务地震灾害、重大地质灾害应急调查的重要卫星资源。这些卫星为进行高分辨率InSAR技术研究应用及"天-空-地"一体化监测提供了可靠的数据源及数据保障。

鉴于此,有必要充分利用综合遥感技术开展地质灾害隐患识别,通过"雷达卫星+差分干涉测量技术+专家系统"来识别变形区域,通过"遥感影像+激光雷达+高精度地形数据"来判别疑似隐患,再通过"无人机调查+实地排查"锁定具体的隐患点,并逐步构建云平台、机器学习和高性能计算集群支撑下的孕灾背景、区域地质地貌和高分辨率遥感影像、InSAR、LiDAR等综合大数据平台,通过大数据综合分析,圈定疑似变形区和重大风险隐患区,建立全省"天-空-地"一体化地质灾害调查监测预警体系和动态数据库,逐步构建覆盖全省的省级"天-空-地"一体化地质灾害常态化监测模式,实现青海省地质灾害隐患早期识别全覆盖,大幅度提升全省地质灾害防治科技支撑能力,显著提高调查效率和早期识别能力,为青海省全面掌握地质灾害风险底数奠定基础。

**4. 国产卫星数据是青藏高原地区多要素综合监测的重要手段**

青藏高原南北跨越高原腹地和边缘造山带,由西向东自高原向山地与盆地相间分布的地貌格局过渡,地形地势独特,生态环境多样,在青藏高原资源环境研究中具有良好的标型意义。同时,青藏高原存在很多自然条件极为恶劣的地方,人类难以到达,如高原、沙漠、沼泽、高山峻岭等,人为采集信息难度大。利用遥感数据覆盖范围大、信息量多、更新周期短、获取信息受限制条件少和不受地面条件限制的遥感技术可方便、及时地获取各种宝贵的高分辨率资料。根据不同的任务,遥感技术可选用不同波段和遥感仪器来获取信息,这无疑扩大了人们的观测范围和感知领域,加深了对事物和现象的认识。此外,经过数十年的发展,中国遥感卫星体系逐渐走向成熟。陆地遥感卫星系统发展最为迅速,对比美国和欧洲的陆地遥感卫星系统,中国卫星传感器数量及类型、空间分辨率和重访周期均处于国际先进水平,覆盖地球一周只需几天的时间,从而能及时获取所测目标物的最新资料,不仅便于更新原有资料,进行动态监测,而且便于对不同时刻地物动态变化的资料及图像进行对比、分析和研究。对地观测(遥感卫星)

系统技术是解决全球气候变化、粮食安全、资源能源安全、环境保护、大气污染防治、防灾减灾等重大经济社会问题的必要手段，同时在引领和驱动产业升级换代，催生新兴产业增长方面具有不可替代的作用（赵文波等，2021）。因此，充分利用近年迅速发展起来的国产卫星遥感技术，发挥其探测范围大、获得资料快、受地面条件限制少、获取信息量大和用途广的技术优势，对青藏高原自然资源领域内的多要素进行系统了解是一条有效的途径。而通过青海省自然资源卫星应用技术平台建立资源环境遥感监测指标和技术体系，建立相应的资源环境动态监测产品和应用系统，发布高质量空间要素遥感信息产品、专题应用系统、技术报告等成果，构建面向青海省和重点区域的环境资源空间信息保障体系，必将大力推动国产卫星数据在区域的产业化综合应用能力，提升资源环境遥感监测技术和服务水平，也是推动青藏高原资源环境治理与保护的有效途径。

## 第二节 建设目标

2019年5月24日，自然资源部办公厅印发《关于推进省级卫星应用技术中心建设工作的通知》，要求根据《自然资源省级卫星应用技术中心建设指南》（简称《指南》）建设好自然资源省级卫星应用技术中心。《指南》要求省级中心建设以应用为核心，以服务为导向，要紧密结合地方自然资源管理业务需求，提供务实、管用的应用产品，保障卫星应用产品在本行业的充分共享，兼顾本省其他行业需求。工作目标是充分发挥国产卫星资源优势，利用省级自然资源主管部门已有卫星应用基础，依托具备卫星遥感应用能力的单位，以"一省一中心""资源共享、务实管用"为目标，集聚省级自然资源系统卫星遥感应用力量，建设集数据管理、产品生产、主业应用和应用服务为一体的省级卫星应用技术中心，贯通部、省、市、县（乡）的自然资源卫星应用技术体系，积极推进卫星应用融入自然资源调查、监测、监管、评估、决策等主责主业，着力提高国产卫星服务地方政府自然资源等经济社会发展管理的应用水平，向社会公众提供更加优质的卫星遥感应用产品服务。

结合《指南》和《自然资源省级卫星应用中心建设技术导引》，青海省自然资源卫星应用技术平台的建设目标为在国家相关战略、规划和政策指导下，从生态文明的视角，紧密围绕自然资源"两统一"职责和业务需求，依托自然资源青海卫星应用技术中心统筹获取和处置各种遥感资源，进一步构建青海省国产卫星数据和应用服务平台，建设集数据管理、产品生产、主业应用和应用服务为一体的自然资源卫星应用技术平台，形成数据保障与数据应用良性发展的自然资源卫星遥感业务信息化模式，贯通部、省、市、县（乡）的自然资源卫星应用技术体系；升级完善青海省遥感应用基础设施，提高红外、雷达、光学等多源协同遥感反演能力，大幅提升政府部门在遥感应用方面的运用水平；以青海省自然资源管理和生态环境保护为应用方向，以省内自然资源要素监测、地质灾害防治、生态保护与系统修复、卫片执法和应急监测为应用目标；利用国产卫星数据，融合大数据、人工智能等技术，构建天-空-地协同的调查监测-分析评价-监督监管监测技术体系，形成"天-空-地"一体化的监测服务能力，搭建长效业务应用与产业化示范的自然资源库与服务系统；开展青海省自然资源要素、地质灾害、生态状况、冰川冻土、冰湖溃决和人类活动等要素的时空变化综合遥感调查，综合分析青海省重大生态问题与自然资源要素的空间格局变化特征，为黄河流域生态安全以及高质量发展提供重要依据和技术支撑，推进国产自主高分遥感卫星数据产业化应用。

## 第三节 建设内容

在自然资源青海卫星应用技术中心现有系统的基础上，加强应用支撑与服务环境建设；构建长效业务应用服务系统,建设卫星应用市(县)级节点;深入开展卫星应用市级节点建设、卫片执法技术支撑、冰川(湖)遥感监测、典型地区地质灾害遥感早期识别工作,以及地质矿产高分遥感解译与评价服务,满足青海省资源环境要素的高精度、高分辨率监测要求,构建天-空-地协同的调查监测-分析评价-监督监管综合监测技术体系;有效提升青海省国产卫星多源协同遥感反演能力,建设遥感综合数据库;培育和带动国产卫星应用产业化,服务国家和地方经济社会发展,进入政府综合治理管理体系,形成政府日常管理所需的遥感能力,形成可持续的业务化、产业化发展模式。具体内容包括遥感数据协同观测与处理、动态监测与模拟技术、服务平台与行业应用等,均为面向产业化应用提升遥感服务效能的应用能力建设。

**1. 应用支撑与服务环境建设**

按照《指南》和《自然资源省级卫星应用中心建设技术导引》要求,通过构建多源遥感数据资源库,建成集多源遥感数据的接收、存储、管理、处理、分发、应用、展示于一体的省级卫星应用中心,实现一站式服务,具备自动更新数据、产品和形成大数据挖掘分析应用的能力,具备国产卫星数据的一体化标准处理、批量生产和快速分发,以及公益性服务、商业服务和国际市场服务的能力。

**2. 建设遥感综合数据库与应用服务系统**

基于目前先进的分布式计算、云计算和大数据管理技术,设计分布式遥感大数据按需服务的体系结构,建立动态监测算法模型库、样本库、光谱库、控制点库等知识库,研制包含多源异构分布式海量遥感监测数据汇聚系统、云存储系统、云计算系统在内的多源监测数据在线融合及协同分析云平台和行业应用门户快速构建平台,支撑全流程规模化的行业动态监测典型应用系统建设,为多源监测数据在线融合及协同分析提供分布式大数据管理与分析方面的基础技术平台。开发满足生产成本节约、要素配置优化、供需有效对接等多个领域业务需求的遥感应用服务产品和业务系统,建立业务化、长效化、可推广的应用模式,辅助政府科学决策,形成长效性的综合服务模式,推进国产自主高分遥感卫星数据的产业化应用。

**3. 业务化应用与产业化示范**

围绕新时期自然资源管理与生态保护的重大需求,以青海省市/县级自然资源局监管需求为出发点,利用自主高分遥感卫星数据,融合大数据、5G、物联网、人工智能等现代信息技术,研发建设市/县级自然资源遥感监管平台,拓展卫星遥感在青海省市/县级应用节点。开展任务驱动的多源国产卫星协同立体监测技术、面向环境要素应急与监测耦合遥感观测技术、高可信变化检测分析技术、动态遥感数据驱动的地表变化模拟预测技术的应用示范。

# 第二章　总体设计方案

为全面落实自然资源"两统一"职责，贯彻落实相关文件要求，拓展卫星遥感在自然资源主体业务中的应用广度和深度，把自然资源卫星应用技术体系建设的重要性提升到新的高度，开展了青海省自然资源卫星应用技术平台建设。青海省自然资源卫星应用技术平台总体规划是基于物联网、人工智能、区块链等新一代信息技术，以自然资源、生态环境等为业务支撑，整合基础设施资源、时空大数据资源，建成集多源遥感数据的接收、存储、管理、处理、分发、应用、展示于一体的省级卫星应用中心，以青海省生态环境保护和自然资源管理为应用方向，以省内自然资源要素监测、地质灾害防治、生态保护与系统修复、卫片执法和应急监测为应用目标。青海省自然资源卫星应用技术平台的核心思想是通过各种数据的有机结合、计算、分析，去解决复杂的自然资源和生态环境问题，为决策管理的准确性、时效性、科学性提供支撑，助力保护生态环境和社会经济的高质量发展。本章基于遥感大数据处理的常规流程，将青海省自然资源卫星应用技术平台的技术处理流程分为数据采集与预处理、数据存储与安全管理、数据智能分析、数据可视化4个部分。平台以省域遥感监测成果数据为基础，实现遥感监测成果数据入库、管理、统计分析等一体化管理与应用，保障遥感监测成果科学、有序、合理利用。

## 第一节　系统架构

青海省自然资源卫星应用技术平台采用多层架构设计，在基础软硬件支撑环境的基础上，基于自然资源遥感技术支撑环境以及流程构建与业务运行框架，通过采用高性能实时计算技术、集群处理技术、GIS空间服务与遥感智能分析技术，以及空间数据库技术进行系统平台的建设，并通过并行调度后台服务器资源进行高效生产，最终构建集遥感数据的采集、接收、快速处理与生产、专题信息提取与解译、信息共享服务与综合展示于一体的一站式卫星应用技术平台。

平台采用组件插件化、流程化以及多层架构和多模块结构的设计方式，引入云计算技术、虚拟化技术，在基础设施的支撑下，通过管理平台构建基础设施服务并对外提供计算资源、存储资源。采用插件技术、工作流技术、集群处理技术、机器学习技术以及分布式混合大数据存储技术开展系统建设，以组件化方式实现多源多时相遥感数据预处理、数据归档、模型训练、风险分析及评估的服务化集成，最终为用户提供相应的服务。平台共分为5层，分别是基础设施层、遥感综合数据层、技术支撑层、业务应用层、用户层，设计依据相应的信息系统管理规范和技术标准，并有严密的数据管理策略和安全机制作保障，如图2-1所示。

**1. 基础设施层**

基础设施层是支撑系统运行的硬件设备和软件环境，硬件设备采用云架构技术，包括数据处理计算设备、磁盘存储设备、网络设备、安全设备、终端设备等硬件环境；软件环境包括操作系统、数据库系统、

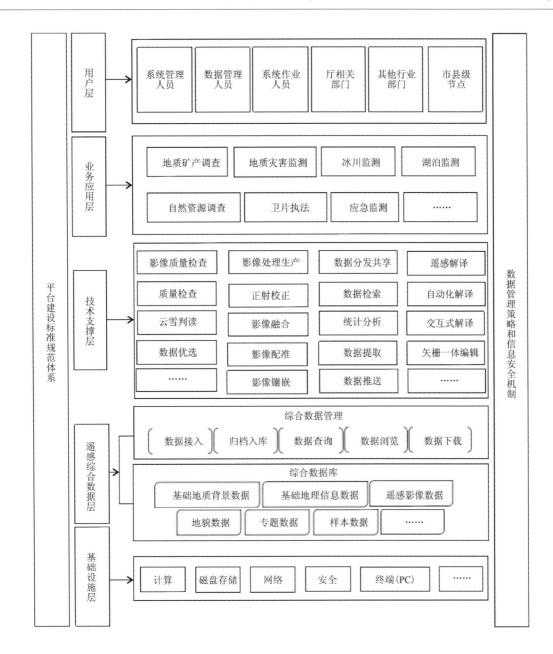

图 2-1 青海省自然资源卫星应用技术平台总体技术架构图

GIS 支撑系统、数据备份系统、网络安全系统等支撑系统运行必备的软件环境。基础设施云平台使用 IT 最新的虚拟化技术,将硬件物理资源抽象成逻辑资源,形成跨虚拟化技术的统一资源池,建立统一管理、统一运维的基础运行环境,实现数据资源的分布式存储与管理,实现数据的按需获取、按需更新及按需服务。

**2. 遥感综合数据层**

遥感综合数据层为业务运行所需的各种数据资源和训练模型,包含进行自然资源卫星业务运行所需要的各类数据资源,主要包括基础地质背景数据、基础地理信息数据、遥感影像数据、地貌数据、专题数据、样本数据等。通过国土卫星遥感数据综合数据管理系统与国土资源遥感数据综合数据库的数据进行交互操作,对这些数据进行管理,为平台应用访问提供接口,提供入库、查询、浏览和下载等功能。

### 3. 技术支撑层

技术支撑层是指以提供服务的模式，以插件/组件的方式为平台运行提供一套专业化、社会化的数据处理、信息提取、数据管理服务。同时，各个服务以标准规范的开发、设计、部署和运行框架，方便各类用户按需调用。该层主要建立自然资源遥感技术支撑环境，包括"两个引擎"，其中"两个引擎"指的是高性能计算引擎和遥感影像智能分析引擎。在高性能计算引擎的基础上，可通过图形化界面实现作业的设计、任务的编排、任务管理与监控，以及计算资源的动态调配。实现满足平台运行所需要的地理空间矢量和栅格数据存储、访问、处理、分析的通用框架，基于此建立大数据的深度学习框架，实现基于自动变化发现以及基于大数据平台的高性能统计分析。

### 4. 业务应用层

业务应用层通过对模块层各功能组件的集成应用，实现满足系统运行的通用功能，其功能主要集中在面向青海省生态环境保护和自然资源管理的基础产品、监测成果和专题产品生产的具体应用。从实际应用出发，通过构建专题示范性应用系统来有机地串联各个业务服务，对各功能组件进行集成应用和调度，从而满足自然资源卫星业务应用的需求，生产出满足业务需求与综合展示需要的基础产品和专题产品。

### 5. 用户层

用户层实现系统与用户之间的交互与服务，包括系统维护人员和业务人员，系统维护人员主要是指系统管理人员、数据管理人员、系统作业人员等。

## 第二节 系统流程、数据流程及服务架构

### 一、系统流程

平台系统流程如图2-2所示。最下方为遥感地质综合数据库，里面存储了遥感影像数据（包括影像库、参考数据库、训练样本库等）与地质成果数据。遥感数据生产系统从遥感地质综合数据库中提取出数据并进行生产。该数据库之上为卫星综合数据管理系统（C/S构架），它对数据库中的数据进行管理。在此基础之上是数据服务系统，它主要由4个部分组成（图2-2）。

(1) 卫星数据质检接入系统：接收自然资源部国土卫星遥感应用中心推送的遥感数据，并对接收到的数据进行质量检查、数据预处理、数据整理，并归档至大数据综合数据库，支撑后续应用。

(2) 数据查询提取系统：它是卫星综合数据管理系统的延伸，以B/S的形式为内网用户提供数据查询和数据提取。

(3) 地图服务发布配置系统：它主要负责将数据库中的GIS数据（影像与矢量）进行发布，以方便数据展示使用。

(4) 数据分发推送系统：它主要负责与外网用户的数据需求打交道，将数据推送给外网用户。

在这4个系统之上，是遥感解译服务平台（含自动化解译与交互式解译2种方法），它将实际遥感解译应用以4个类型（地表要素监测、地质要素提取、地质现象识别、地质综合解释）植入遥感地质解译框架中，最终完成可视化，可视化系统将各类数据和产品以实时、动态、可视化的形式加以展现，为管理部门提供各种定制化的信息产品服务，同时，为社会公众提供社会监督的渠道。

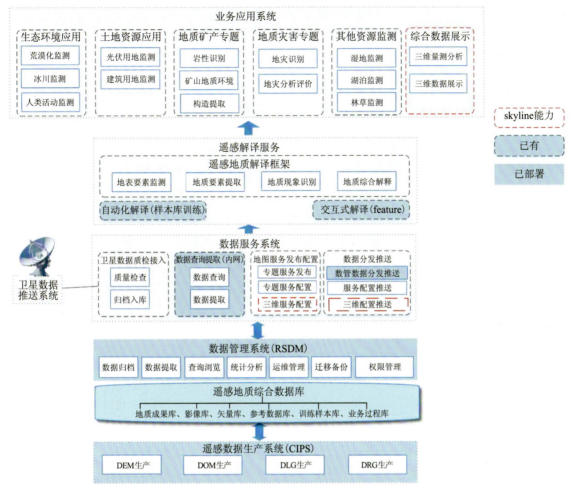

图 2-2 卫星数据应用平台系统流程图

## 二、数据流程

青海省自然资源卫星应用技术平台数据流程如图 2-3 所示。首先,平台接收来自多方的数据推送,主要包含光学卫星数据、无人机数据、高光谱数据等,对推送的数据进行接收与质检,并依照不同类别归档到不同数据库中。其次,利用推送的数据进行遥感处理与解译后形成相关产品;再次,通过深度学习方法下的遥感智能信息提取技术、智能化要素半自动提取技术、知识引导的自动遥感变化检测技术等多种模型形成多种专题产品。比如,充分利用高分辨率、多角度、多模式的光学、高光谱、雷达等多源遥感监测数据,基于典型自然资源类型在不同时相、尺度、空间分辨率影像上的光谱、纹理、形状及几何拓扑、空间关系等特征,构建了多类要素的自动提取规则和样本库,并建立自动提取任务,实现对各类要素现状及变化信息的自动提取。最后,将基础数据、专题成果数据向外发送,形成对外提供信息的共享服务。

## 三、服务架构

系统服务架构包含内、外网用户两套服务架构体系。内网服务架构系统以内网基础设施、存储集

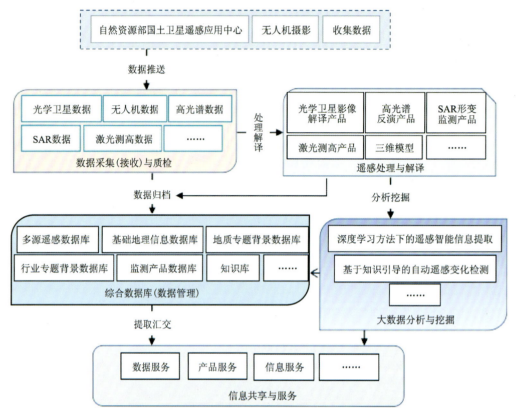

图 2-3 青海省自然资源卫星应用技术平台数据流程图

群、影像解译应用、生态状况评估等服务为支撑,为内网用户提供系统操作、数据生产、数据交互等管理为主的服务;外网服务架构体系以外网基础设施、存储、应用等服务为支撑,为外网用户提供成果浏览、数据下载、门户访问等服务(图2-4)。

## 第三节　数据库设计

数据资源是平台建设的核心,是收集和研究国家、行业相关技术规范,并结合青海省自然资源管理工作基础和实际需求,围绕青海省自然资源卫星应用技术平台建设的各个阶段,厘清自然资源各类数据关联关系,提出数据标准研究思路,从数据分类与编码、数据库、质量检查、数据更新、数据服务接口、数据共享与交换等方面,明确标准数据产品库建设的可行性和建设思路,用于指导和规范综合数据库的建设。青海省自然资源卫星应用技术平台综合数据库对基础地质背景数据、基础地理信息数据、地貌数据、地质灾害调查数据、遥感影像数据、InSAR数据、业务数据及其他相关数据和产品进行分类分级存储和高效管理,实现多源异构数据的入库、查询浏览、统计分析、提取、维护和可视化展示等。

**1. 数据库建设标准**

为保证数据库体系的统一性、标准性、高效性和可扩展性,数据库建设遵循唯一性标准、数据库平台标准、GIS平台标准、空间数据格式标准、坐标体系标准、数据库接口标准、元数据标准、用户及权限标准。

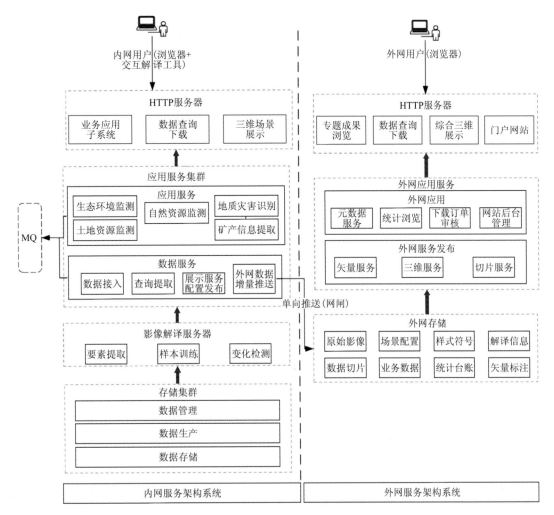

图 2-4　平台服务架构图

**2. 数据库建设方法**

依照数据库建设总体设计的原则进行数据库的建设,首先在相关数据、软硬件分析的基础上,由设计人员采用面向对象技术和 UML 语言进行数据库的设计;制定数据库存储结构标准,形成矢量数据、报表数据、瓦片数据、文件编目数据及元数据的存储结构标准。其次采用脚本化建库方法完成数据库的建库,同时针对海量数据特征进行海量空间数据库建设。最后在数据库建设的基础上,采用业务化数据质检与入库方法对数据管理系统相关矢量和栅格数据进行自动归档、人工批量归档。

**3. 数据建库过程**

数据建库过程包括数据库搭建、数据库初始化等。
1) 数据库搭建
依据设计好的数据库逻辑架构、物理架构等进行数据库的搭建,数据库搭建可以通过 postgresql 以及 PGadmin 等工具实现。
2) 数据库初始化
数据库建库过程中每一步均生成数据库脚本,在部署时可以直接通过数据库脚本进行数据库初始化。

### 4. 数据库结构

1）数据库建设内容

数据库包括影像原始产品库、基础产品数据库、专题产品数据库、基础支撑数据库、地质成果数据库、业务数据库等（表2-1）。数据之间既相互独立，又彼此联系，共同构成完整的数据库。后续阶段可根据实际情况进行调整，将充分利用已有的建设成果，统一规划、统筹设计、分步实施。以统一的自然资源数据体系为基础，整合扩展各类自然资源数据，构建统一的自然资源大数据体系。

表2-1 青海省卫星中心综合数据库内容一览表

| 数据库 | 数据类型 | 数据格式 |
|---|---|---|
| 原始产品库 | 高分一号 | 压缩包、散列文件 |
| | 高分一号－B/C/D | |
| | 高分二号 | |
| | 高分六号 | |
| | 高分七号 | |
| | 资源三号 | |
| | 资源二号 | |
| | 中巴卫星 | |
| | 其他卫星 | |
| 基础产品数据库 | 辐射校正数据产品 | 栅格影像 |
| | 系统几何校正数据产品 | |
| | 大气校正数据产品 | |
| | 几何精校正数据产品 | |
| | 正射校正数据产品 | |
| | 影像融合数据产品 | |
| | 影像镶嵌数据产品 | |
| | DSM/DEM数据产品 | |
| | 瓦片产品数据 | 栅格瓦片、矢量瓦片 |
| 专题产品数据库 | 地质灾害专题产品数据 | 图件、文档、矢量、影像 |
| | 地质矿产专题产品数据 | |
| | 土地资源监测专题产品数据 | |
| | 生态环境监测专题产品数据 | |
| | 自然资源专题产品数据 | |
| 基础支撑数据库 | 控制基准网数据 | 栅格 |
| | 解译样本数据 | 影像和栅格瓦片 |
| | 基础地理信息数据 | 栅格切片、矢量切片、矢量数据 |
| | 行业知识 | 关系表 |

续表 2-1

| 数据库 | 数据类型 | 数据格式 |
|---|---|---|
| 地质成果数据库 | 基础地质数据 | 矢量要素、图件 |
| | 区域地质调查成果数据 | 矢量要素、工程文件、图件 |
| | 行业地质数据 | 矢量要素、图件、表格文件 |
| | 勘探数据 | 图件、矢量成果 |
| 业务数据库 | 业务运行数据 | 关系表 |
| | 业务监控数据 | |
| | 其他相关数据 | |
| | 用户与权限管理数据 | |

2）数据存储架构

青海省卫星中心综合数据库数据存储架构采用混合存储架构，综合利用数据库和文件存储系统进行各类数据的高效、安全存储，主要包括数据库存储和文件存储 2 种方式，其中数据的空间和属性信息采用关系数据库（空间数据库）进行存储管理，文件存储采用共享文件存储。针对不同类型的数据，依据其数据量、数据结构、数据应用场景等选择最优的存储方式。数据存储架构如图 2-5 所示。

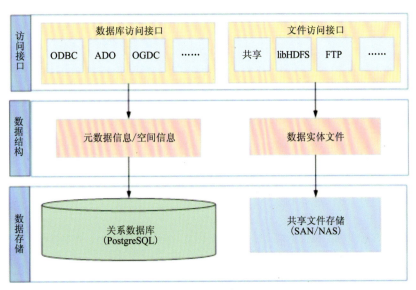

图 2-5　青海省卫星中心综合数据库数据存储架构图

3）数据存储模型设计

对于青海卫星中心建设所需管理的卫星影像数据，数据结构包含元数据信息和空间信息、快视图文件和 XML 元数据文件，以及卫星数据实体文件 3 个部分。对于数据实体，以文件方式进行存储，数据存储模型如图 2-6 所示。

元数据和空间信息主要用于卫星数据的属性或空间检索，要求高检索效率、高检索精度，且元数据和空间范围均为结构化信息，因此采用关系数据库进行存储。

快视图文件和 XML 元数据文件主要用于浏览，一次检索可能需要浏览上千条甚至上万条数据，因此要求高并发访问、高 IO，且这些信息为半结构化数据，典型特征为"大量的小文件"，采用共享文件方式存储管理。

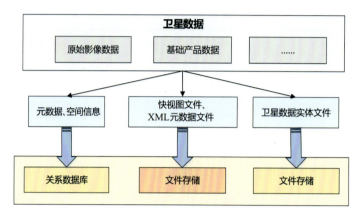

图 2-6 数据存储模型

**4）数据建模规范设计**

数据库整体结构设计在考虑以上数据库逻辑关系以外，充分考虑今后技术的发展和使用的需要，使基于数据库体系的业务系统具有更新扩充和升级的可能，采用完整的数据建模体系，以便用户在未来业务拓展和数据不断积累的过程中，对于新增的数据类型通过建模技术实现管理能力的快速提升。

数据建模体系包括文件结构建模、元数据建模、空间数据建模、资料数据建模、数据字典等内容，主体用于定义数据的文件组织和构成、元数据内容、空间信息以及数据存储位置，在此基础上形成各类数据模型，构建数据集，并通过数据资源目录和数据编目组织实现物理存储与逻辑展示的挂接。

**5. 数据库安全**

由于管理数据的多样性和多层次性，考虑用户数据权限、数据保密性等问题，需要对数据安全性进行特殊处理，需要依据软硬件支撑平台设计和数据物理存储设计，在逻辑上或者物理上进行安全设置。

**6. 数据库优化**

依据数据特征、数据应用、存储硬件和存储软件的特点，对数据库进行优化，优化时主要从数据的组织和存储方案、数据查询模式、数据物理存储方案、数据库服务器优化、数据库性能优化几个方面着手，提高数据库的存储性能、访问性能和稳定性。

## 第四节 平台业务流程

青海省自然资源卫星应用技术平台的建设目标是实现自然资源青海卫星应用技术中心数据的自动接收、数据质检、数据入库管理、基础产品快速生产、数据解译分析、数据共享分发服务等功能，更好地满足集数据管理、产品生产、主业应用和应用服务于一体的卫星应用服务需求。

### 一、数据质量检查业务流程

数据质量检查业务流程大体上可以分为规格性质量检查模块、辐射质量检查模块、几何质量检查模块、云雪判读模块、质检报告生成模块、数据优选模块等部分。其详细流程如图 2-7 所示。

（1）子系统接收到质检任务后，从数据库获取相应的遥感影像以及其他生产辅助数据，首先对遥感影像压缩包质量、数据有效性、数据完整性、数据格式的准确性进行检查。

（2）在对数据解压后,提取云雪目标,生成掩膜,完成交互判读编辑与数据入库。

（3）对影像的信噪比、无效值、偏色、缺失、最大值、最小值、直方图分布、波段数等进行检查。

（4）自动或交互的方式完成控制点匹配,对初始几何位置质量进行评价。

（5）对上述质检的结果输出质检报告。

（6）在综合质检结果的基础上,通过对数据范围、时相、云量等情况进行分析,自动或交互完成数据优选,并输出优选报告。

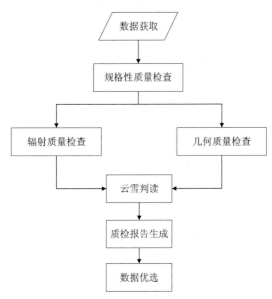

图 2-7　数据质量检查业务流程图

## 二、数据综合管理业务流程

数据综合管理业务主要实现各类数据的综合管理,为其他系统提供基础数据管理支撑。数据综合管理业务流程如图 2-8 所示。

（1）数据接收：支持接收数据自动推送以及人工拷贝的数据来源。

（2）数据入库：根据业务需求,提供手动入库、自动入库、接口入库等多种入库方式,满足各类情况的入库管理需求。

（3）数据维护更新：在数据管理过程中,支持对数据元数据信息维护更新。

（4）查询展示：对入库数据,提供属性、空间等多种联合查询方式,满足各类数据的入库管理需求。

（5）数据应用：数据综合管理为其他业务系统提供数据管理支撑功能,通过提供数据查询、数据获取等接口,实现数据资源的共享利用。

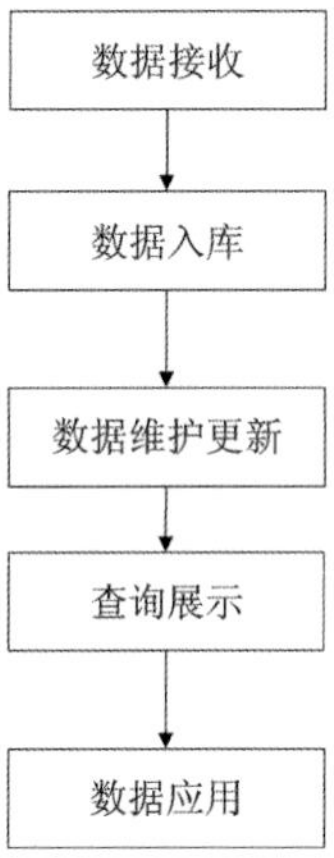

图 2-8　数据综合管理业务流程图

## 三、影像自动处理业务流程

影像自动处理业务流程主要有以下步骤。

(1)生产系统加载数据,如果数据不合适,转换数据格式到本软件格式。
(2)数据管理分系统接收数据,提取出各个模块需要的相应数据,并分配到各个独立模块进行处理。
(3)生产管理系统对数据进行区域网平差,使数据满足精度要求。
(4)接受精度合格的数据,进行模型的建立。
(5)模块对模型数据进行自动化的处理,输出成果数据。
(6)对自动化处理结果不能满足精度要求的区域进行人机交互的人工处理。
(7)完成处理任务后,数据和报告等文件放入工作空间,最后向操作人员反馈处理信息。
(8)产品质量监督与评价分系统向业务运行管理分系统发送自检处理信息。
(9)当质检报告数据合格,业务运行管理分系统发送任务完成合格通知到立体测图产品生产分系统,并发送产品质量评价报告,同时向数据管理分系统发送数据入库任务单。
(10)若质检数据不合格,业务运行管理分系统发送任务完成不合格通知到立体测图产品生产分系统,并发送产品质量评价报告,同时再次发送处理命令,立体测图产品生产分系统分析原因,重新相关任务单产品的生产。

影像自动业务处理流程图如图 2-9 所示。

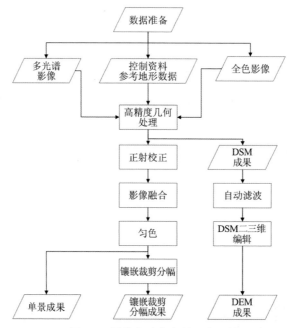

图 2-9 影像自动业务处理流程图

## 四、遥感智能解译业务流程

遥感影像解译是遥感影像应用的核心与关键环节,高效、准确的解译技术有助于提高遥感应用水平和拓展应用领域。目前,中国测绘、自然资源、林业等行业的遥感调查与更新仍主要采用人工目视解译的工作方式,耗时、费力而且成本高、周期长,不能满足当前经济社会快速发展对自然资源信息快速提取与更新的迫切需求。自然资源部 2018 年印发的《自然资源科技创新发展规划纲要》提出,要加强基于多源调查与监测成果的自然资源全要素信息快速提取与智能解译能力,如何利用已有的多源调查与监测成果,结合最新的高分辨率遥感影像,进行自然资源全要素的快速提取与智能解译是亟待突破的一项关键科学技术问题。

青海省自然资源卫星应用技术平台中的智能遥感解译业务流程大体可以分为交互式编辑、自然资源要素智能训练、遥感自动变化检测、产品质量检查、综合专题制图等几个部分。其详细流程如图2-10所示。

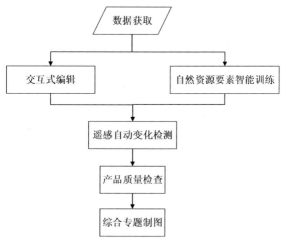

图 2-10　智能遥感解译业务流程图

（1）用户使用交互式编辑工具对地理空间数据的图形结构和几何位置进行修改，使用视图浏览工具实现界面的放缩和漫游，使用分析模型渲染不同的效果，使用属性编辑工具，完善和补充相关数据的属性信息。

（2）用户使用影像预处理、样本采编、特征定义与计算、成果筛选、导出入库等工具，实现影像加载和显示、影像配准、归一化处理与影像增强等操作，并实现对样本的导入和导出、统计分析与展示等内容。通过用户账户的创建、删除、权限赋予、权限撤回等实现用户权限的管理。用户通过样本训练任务调度、深度学习底层框架路由及 GPU 计算资源管理等内容，深入理解样本深度学习引擎。

（3）用户使用基于统计分析的变化检测方法，以历史矢量和新时期影像为输入，通过矢量引导分割、图斑特征统计分析、变化检测等步骤，实现对象级的自动变化检测；或以多期影像为输入，实现影像对影像的自动变化检测；或使用基于分类结果的变化检测方法，以多期影像和对应的分类结果为输入，通过重叠分析与差值运算，实现不同地物类的自动变化检测。同时还可以使用基于多种参数的变化检测伪图斑去除工具，保证变化检测的准确率。

（4）用户使用质量检查工具，对图形的几何现象、地物的属性信息、拓扑构建结果以及各种矛盾数据进行检测和控制，包括图形检查、拓扑检查、属性检查和逻辑关系检查；并根据所生成的质检结果列表，定位错误标识，对存在的错误和矛盾进行在线实时编辑和处理，生成质检报告。

（5）用户使用综合专题图制图模块中的诸多功能，采用图库联动的制图表达，生产个性化、多样化、实时化的专题图产品，提高自动化制图效率，形成快速制图解决方案，实现快速批量制图。

## 五、共享分发服务业务流程

共享分发服务主要是利用 WEB 服务技术，构建共享分发服务子系统，子系统主要是对外提供数据查询、数据浏览、数据下载、数据统计等服务；对内提供数据服务发布、新闻动态、通知公告、法律法规等信息发布。共享分发服务流程的主要业务可分为数据服务制作，数据查询和浏览，数据分发与下载、数据统计分析等流程，如图2-11所示。

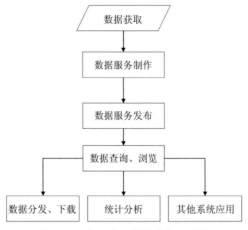

图 2-11 共享分发服务业务流程图

数据管理人员可对数据服务进行制作,通过服务的状态控制服务是否发布,发布和未发布的数据都存在于数据库中。其他用户可以通过查询服务在数据库中进行数据查询及浏览,可进行属性、空间等多种形式的查询,可对数据进行列表,也可对详情等信息进行浏览。满足用户要求的数据,用户可通过下载任务的创建,形成下载订单,管理员通过审核订单来控制是否提供下载数据;用户也可通过创建分发任务实现对感兴趣区的数据的下载,最终为智能遥感解译、卫星影像自动化集群处理、综合展示等其他系统提供数据支持。此外,用户可对数据库中的数据进行订购统计、覆盖统计、访问量统计等。

## 六、综合展示业务流程

综合展示业务流程总体归纳为数据管理、浏览统计和综合展示 3 个过程,详细业务流程如图 2-12 所示。

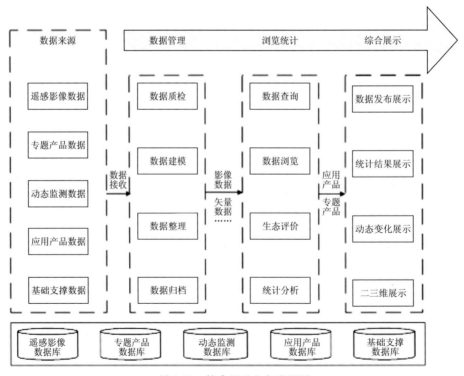

图 2-12 综合展示业务流程图

（1）数据管理。针对遥感影像数据、专题产品数据、动态监测数据、应用产品数据、基础支撑数据等多种异构数据,对数据进行质检、建模和整理,然后入库归档,进行统一管理。

（2）浏览统计。基于大数据查询与分析技术开展对遥感监测综合数据库的浏览统计业务,实现库内数据的多条件查询、数据浏览、生态评价、统计分析等功能。

（3）综合展示。通过对各类型应用产品数据的无缝快速浏览,调用已发布的数据进行数据展示、渲染和符号化、动态变化展示,实现遥感监测成果二三维一体化的展示。

## 第五节　平台功能设计

平台以卫星遥感数据为主,基础地质数据、基础地理数据等为辅助数据,结合业务流程开展自然资源卫星应用与服务。平台分为卫星遥感数据综合管理系统、卫星影像自动化集群处理系统、遥感智能解译系统、遥感数据集成与综合展示系统4个子系统,并研发了内外网门户首页和用于市县级节点建设的自然资源遥感监管平台。

### 一、卫星遥感数据综合管理系统

目前,国产卫星产品日新月异,卫星影像同样标准各异,建立一套集计算机数据管理、多媒体技术、遥感技术、地理信息系统等多种技术于一体的卫星影像管理与应用的解决方案,开发一套多源卫星影像数据管理系统,可以实现对海量、多源遥感数据进行科学、高效、规范管理,实现快速、有效地查询和计算等功能。本平台遵循数据库及管理系统建设的现势性、鲁棒性和扩展性,构建以国产卫星影像元数据库为核心的多源卫星遥感影像数据管理系统。以接收和收集的国产卫星影像数据库为核心,基于不同影像标准、影像差异,遵循系统的科学性、合理性,开发基于此数据库的多源卫星影像数据管理系统服务软件,满足海量影像数据有序规范的质量检查、存储管理、数据分析、数据查询统计、数据分发服务一体化管理的要求,提升自然资源卫星保障的能力和服务水平。

卫星遥感数据综合管理系统主要包括矢量专题产品库、共享分发服务和遥感影像数据管理3个子系统、7个模块、46个功能服务。

**1. 矢量专题产品库子系统**

矢量专题产品库子系统主要实现矢量专题产品数据的数据入库、查询展示、编辑保存、统计分析、数据输出等功能,该子系统的模块组成如图2-13所示。

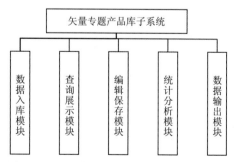

图2-13　矢量专题产品库子系统模块组成图

(1)数据入库。为保障矢量专题产品数据入库管理,同时支持多源矢量专题产品数据入库管理功能,提供数据建模管理功能,支持对各类矢量专题产品数据的数据资源建模配置管理,并通过定制开发矢量数据入库插件,实现各类矢量专题数据的归档入库管理。

(2)查询展示。查询展示模块提供对矢量专题产品数据属性、空间、属性-空间联合查询等多种查询方式,支持将查询结果以数据列表、数据详情、数据展示到地图上等多种浏览展示方式。

(3)编辑保存。支持用户对矢量专题产品数据的矢量要素编辑工作,包括点、线、面要素的添加、删除、修改等操作,并提供将修改后的矢量结果保存到数据库。

(4)统计分析。对入库数据和分发数据的情况进行统计,支持数据类型、数据采集时间、分发时间、用户类型等多种维度的统计分析,提供数据时相、传感器、行政区、用户对象等多种统计条件,并支持统计图表的制作和导出功能。统计分析模块由库存统计、分发统计、统计图表管理等功能组成。

(5)数据输出。通过设置数据输出的格式、路径等参数信息,将矢量专题产品数据导出为图片、PDF等。通过连接打印设备,将指定的矢量专题产品数据打印出来。

**2. 共享分发服务子系统**

共享分发服务子系统主要是完成门户网站的构建、系统管理等。用户可通过共享分发服务子系统完成数据的发布、查询、浏览、下载、统计等。共享分发服务子系统的模块组成如图2-14所示。

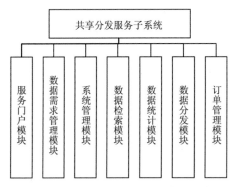

图2-14 共享分发服务子系统模块组成图

(1)服务门户模块。该模块将青海省自然资源卫星应用中心对外服务应用系统、数据资源和互联网资源集成到一个信息管理平台之上,并以统一的用户界面提供给用户,使用户实现对信息资源的组织、访问、搜索、集成和管理。服务门户网站支持服务信息的管理与发布,支持在线编辑、修改图文,通过对服务信息的状态判断是否发布,并可对服务信息进行查询、浏览等。提供信息和数据的集成和服务,可以查看系统管理的各类数据的数据量及数据大小,可以查看系统发布的工作动态、通知公告、资源概览、行业标准、政策法规等各类信息,可以查看最新的数据提醒和整体数据量。

(2)数据需求管理模块。该模块是对提交的数据需求进行管理,包括数据需求的收集,可提供线上填写或者接口传输的方式,收集的内容包含申请人、数据内容、需求性质等内容。管理员可对提交的需求进行管理、浏览、统计等。管理员对接收到的需求内容、申请人信息、审批结果、分发处理结果、用户反馈意见、优先级等信息进行管理;管理员可以将用户订单处理后的需求或用户直接提交的需求录入系统,系统支持数据描述及数据列表两种方式,其中数据描述的空间信息支持经纬度、行政区划、矢量数据等方式。

(3)系统管理模块。该模块为保护数据访问和数据库本身的安全性与完整性,对用户进行身份认证,通过分析用户的角色、功能权限、数据资源等信息进行确认。用户角色管理对系统访问进行统一的控制,通过用户ID获取用户注册信息,为不同角色的用户分配不同的数据查询、浏览、订购的权限以保证数据安全;对不同等级的用户设置不同的系统功能权限,管理员通过系统管理审核用户申请,只有符合系统使用要求的注册用户才会通过审核,并进行授权;支持管理员用户对数据库资源进行分配。另外,系统支持对重要操作进行日志记录,以监测系统的运行。

(4)数据检索模块。该模块提供多源数据的快速加载显示、感兴趣点的快速查询检索、感兴趣点的浏览等工具,同时支持用户对感兴趣区域进行标注标绘、距离量算、面积量算等。根据数据的属性信息及空间条件进行数据的查询,以找到满足条件的数据并返回。当检索结果较多时,能够对检索结果进行分页显示。对于检索到的数据,可以查看数据的详细元数据信息,对于卫星遥感数据,可以叠加快视图进行显示。

(5)数据统计模块。该模块实现数据覆盖范围统计、入库数据统计和数据分类统计等,可按照时间段、用户、数据源进行统计分析,并可导出统计分析报表。支持对用户订单、访问量以及订购量等内容进行统计分析,主要包含订单统计分析、访问量统计分析、下载量统计分析、统计结果导出等主要功能。

(6)数据分发模块。该模块将用户订单数据推送至各业务系统节点,提供数据及产品分发服务,主要包含下载、主动推送、状态查询等功能。支持对已完成分发、正在分发、计划分发等各类分发任务进行管理;支持分发任务查阅、分发优先级调整、分发任务中影像信息及联系人信息修改等功能。

(7)订单管理模块。该模块根据对外产品服务的要求,通过多种渠道接收用户的产品需求,系统支持对产品需求生成订单,并管理订单的功能。功能主要包括创建产品订单、订单提交、审核等;同时用户还可以查看订单状态,了解审批状况;可根据用户订购的数据进行数据的提取下载。可以通过网页下载及使用下载工具下载。

**3. 遥感影像数据管理子系统**

遥感影像数据管理子系统主要进行多源遥感数据的管理,包含数据入库、查询展示、数据维护、统计分析、数据输出、数据备份、系统管理等功能。

(1)数据入库。通过遥感影像数据入库工具,将遥感影像数据进行归档入库。卫星影像数据库的影像数据表中存储实体影像数据的描述信息,其中的字段存储着实体文件在计算机存储的实际路径,便于快速找到实际文件。影像信息表与其他专题信息表、用户信息表等通过影像编号、用户编号等建立联系,实现数据关联的一致性和联动性。

(2)查询展示。输入空间条件、属性条件等查询条件,进行遥感影像数据的查询,并将结果展示到地图中。可按空间、属性、覆盖范围进行数据查询,并支持快视图及详细信息浏览。

(3)数据维护。数据维护包括数据更新和字典维护两部分内容。数据更新实现对新输入数据及生成产品的入库更新;字典维护用于完成对数据的规范描述,便于有效组织、管理和维护空间数据。

(4)统计分析。它对遥感影像数据按照空间条件、属性条件等进行统计分析。

(5)数据输出。可以将查询到的遥感影像数据进行导出和下载。

(6)数据备份。提供对备份条件、备份内容、备份位置等策略的设置。

(7)系统管理。面向系统管理员,对系统用户、功能权限进行控制,支持基于功能角色的系统安全管理,并实时记录用户的系统操作日志信息,保障系统信息安全。

## 二、卫星影像自动化集群处理系统

卫星影像自动化集群处理系统是在网格计算环境下,将网络通信资源、计算资源、存储能资源及人力资源等资源进行整合,适合大规模、多源遥感影像快速、批量处理的一整套系统技术解决方案;其核心部分是基于高性能集群计算环境的遥感影像自动处理,通过任务管控中心进行任务的调度,实现自动化处理与人工编辑的有机结合。该系统通过标准化的流程定制技术、分布式并行处理技术以及先进的自动化处理算法实现遥感影像自动化和并行化的快速处理,既支持应急模式下的自动快速影像处理,也支持常规模式下的高精度影像产品制作(图2-15)。

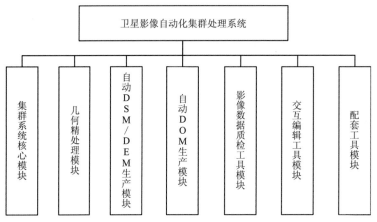

图2-15 卫星影像自动化集群处理系统功能组成图

1)集群系统核心模块

该模块具有数据建模、工程管理、生产任务调度管理的能力;支持自定义工作流,灵活搭建系统内各个数据处理插件,实现流程化、自动化数据快速处理,并能对各个处理插件的参数进行设置;系统间具有灵活的、开放式的数据交换和共享集成接口,支持与控制点影像库及遥感影像数据管理系统的无缝对接。

2)几何精处理模块

该模块应具备连接点和控制点全自动、并行化匹配能力及自动粗差剔除能力;可实现大量多源影像数据联合平差;支持超大规模光学卫星影像无控制高精度区域网平差;支持区域网平差后的卫星影像构建控制基准网;支持基准网数据实现全自动更新平差与接边检查;提供基于参考DOM和基准网两种模式进行区域网平差;提供单景配准纠正的方式。

在多源联合平差中,当无控制点时,初始定位精度较高的数据源参与联合平差,可有效提高整体区域网平差精度,改善初始定位精度较低的数据源平差精度;当有控制点时,控制点个数的增加,可快速、有效改善单一源精度差的数据源,即在控制点较少的条件下满足精度要求(虽然对单一源精度较好的数据源有降低精度的影响),但在同样控制点条件下,最终的整体平差精度可满足国产卫星产品生产的要求。

3)自动DSM/DEM生产模块

该模块支持基于多基线、多特征的地形自动匹配,通过三视匹配提升匹配细节丰富程度;提供不同地形模式下的滤波参数与方案,可按不同地形选择滤波策略,自动滤除建筑物、植被等地表地物,减少人工对DEM编辑的工作量;支持DSM成果精细镶嵌;提供DSM/DEM按照自定义范围、标准图幅范围等多种方式的裁切、拼接功能;提供从几何精处理、DSM匹配、去噪、DSM镶嵌到DEM后处理的整套流程的一键式处理功能;支持云区异常高程值自动检测,支持基于历史SRTM数据的自动高程修补;支持对流动水域、静止水域及海域的自动高程赋值,确保高程赋值基本合理,减少编辑工作量;支持地形数据镶嵌网自动规划;支持地形数据、影像数据镶嵌网共用。

4)自动DOM生产模块

该模块支持卫星影像从区域网平差到影像镶嵌成图的全自动处理,并支持中间过程数据不落地的方式进行快速生产,提高生产效率;支持基于多个DEM的正射纠正,提供点纠正、面纠正等多种方式;支持多种影像融合算法,包括Pansharp融合、PCA融合、HIS融合等,最大限度保留光谱信息和纹理信息;支持真彩色模拟波段计算,支持用户自定义参数的波段计算公式;支持基于模板、自适应、空间参照等多种匀光匀色策略,支持16位卫星影像匀光匀色;支持色彩库构建,基于色彩库可实现空间参考的智能匀光匀色;设计开发全青海省卫星影像色彩库,无须调制模板实现一键式的智能空间匀色;支持带岛、带洞、复杂重叠等数据的自动镶嵌网规划;支持高质量镶嵌线寻址;支持影像镶嵌,支持镶嵌过程中几何和色彩的二次改正;支持虚拟镶嵌,即不输出镶嵌成果的情况下渲染镶嵌效果。

5) 影像数据质检工具模块

该模块具备卫星影像剔片功能,剔片结果可直接导入几何精处理模块,提高数据组织效率;具备DEM质检能力,支持高程检查点的导入;支持单幅、多幅DEM批量检查;具备DOM质检能力,提供"多基准-多待检影像"的快速质检模式;可实现基于测区的检查点均匀选取;可输出单幅影像、测区整体影像成果的精度报告。

6) 交互编辑工具模块

该模块提供实时渲染功能,支持大规模卫星影像匀光匀色、镶嵌成图的效果实时预览;提供镶嵌线编辑工具,编辑过程支持实时预览,支持镶嵌网协同编辑与分区合并;提供DEM二三维一体化编辑工具,提供基于参考地形数据的区域更新功能。

7) 配套工具模块

该模块提供格式转换、投影转换、波段计算等多种辅助功能;提供数据处理监控日志功能,能够保存并查询到详细的数据处理记录;业务运行出现异常或错误时应能自动结束进程,并输出详细的日志提醒信息。

## 三、遥感智能解译系统

随着信息技术的发展、遥感大数据和人工智能的兴起,数据缺乏不再是一个问题。当前遥感数据量越来越大,并且增长速度还会更快,而遥感技术对数据处理的有效性、精确性、实时性要求越来越高,传统的常规数据处理技术已无法适应遥感新技术的发展。而大数据的规模性和复杂性使得传统的计算模型和分析算法无法有效地支撑大数据的高效分析处理。大规模的数据挖掘、机器学习和深度学习等新思想和新方法正在蓬勃发展,极大地促进了场景内外多源异质大数据的融合,从而有效地从多种传感器数据中提取地表特征信息,不断提升遥感信息获取和分析能力。基于自然资源管理的业务需求以及实现违法行为"早发现、早制止、严查处",如何从不同时相遥感影像自动提取变化图斑并识别图斑类型是青海省自然资源卫星应用技术平台建设的主要目标之一,遥感影像智能解译系统立足大量本地样本库,对深度学习模型参数进行优化和本地化改造,训练过程中,通过增强样本技术,进一步使样本变化,提高模型的适应性,实现了变化图斑位置的快速自动发现,也是该平台的另一重要支撑技术,实现了青海省海量遥感信息的快速流转和及时服务。

**1. 数据质量检查子系统**

数据质量检查子系统包括质量检查模块、云雪判读模块、辐射质量检查模块、几何质量检查模块、质检报告生成模块、数据优选模块等6个模块(图2-16)。

1) 质量检查模块

原始影像质量检查以压缩包或者原始数据文件夹为输入,通过应用自动解压、自动检索、自动比对等技术对被检查数据进行有效性检查以及数据一致性检查。判断输入的原始数据质量是否满足质量要求,输出质检报告。

2) 云雪判读模块

云雪判读模块基于深度学习训练模型可以实现对遥感影像的自动批量化的提取,并将提取结果存

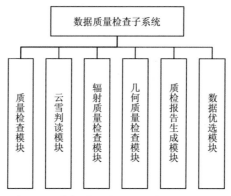

图 2-16　数据质量检查子系统模块组成图

储为栅格格式或矢量格式。将去云后产品作为输入,使用一种基于多时相遥感数据支持的云阴影检测算法,检测是否有未处理的云阴影存在,并输出质检报告。

3) 辐射质量检查模块

原始影像辐射质量分析模块包括原始影像灰度级分布检查、原始影像产品条带噪声检查、原始影像产品坏线检查、原始影像产品信噪比检查、原始影像产品清晰度检查、原始影像产品偏色检查、原始影像产品灰度区间检查、原始影像产品影像缺失检查以及原始影像产品编码情况检查,并输出质检报告。

4) 几何质量检查模块

原始影像几何质量主要描述的是指遥感影像地理位置精度,以及初始接收数据的无控定位精度。原始影像几何质量检查的主要内容包括数据源(参考数据)、沿轨方向几何精度、垂轨方向几何精度、平面精度(中误差)、检查点数目、几何质量检查等级评定。初始几何定位精度对整个遥感影像后续处理至关重要。原始影像几何质量检查主要是通过统计学的方法对遥感图像上的点与实际地面位置之间的误差(即几何定位误差)进行处理。该子模块包括初始定位精度检查、空间参考系检查、控制点匹配检查、数据几何分辨率检查,并输出质检报告。

5) 质检报告生成模块

对原始影像质量检查的各项结果进行整理,输出原始影像质量检查报告。

6) 数据优选模块

通过对数据范围、时相、云量等情况进行分析,自动或交互完成数据优选,并输出报告。

**2. 智能遥感解译子系统**

智能遥感解译子系统包括基本支撑模块、交互式编辑模块、自然资源要素智能训练模块、遥感自动变化检测模块、产品质量检查模块、专题制图模块 6 个模块(图 2-17)。

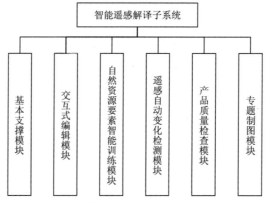

图 2-17　智能遥感解译子系统模块组成图

1)基本支撑模块

基本支撑模块包括样本数据的采编和特征分析,面向像素和面向对象的监督分类与分监督分类,对主流国产光学多光谱数据的自然资源要素自动提取,以及遥感影像的单尺度分割、多尺度分割和矢量引导分割。

2)交互式编辑模块

交互式编辑模块包括图形编辑、视图浏览、分析模型渲染、图形采集、矢量属性编辑等功能,面向地理空间数据的几何位置修改的需求,可对数据图形结构进行修改编辑;视图浏览工具可实现影像的放缩和漫游;分析模型渲染可实现对矢栅数据的不同渲染效果,同时支持以填充模式和边线模式进行渲染;图形采集工具支持多种便捷的图形采集;矢量属性编辑工具支持多种属性编辑方式,用以实现数据的属性编辑。

3)自然资源要素智能训练模块

自然资源要素智能训练模块包括影像预处理、样本采编、特征定义与计算、成果筛选、导出入库等,可实现影像的加载和显示、影像配准、归一化处理与影像增强等操作,并实现对样本的导入和导出、统计分析与展示等内容。可通过用户账户的创建、删除、权限赋予、权限撤回等实现用户权限的管理。针对不同地理分区及遥感影像特点,利用大量样本进行网络训练,得到相应的深度学习网络模型,作为不同地区遥感影像智能解译的推荐预选模型。网络训练过程一般包括参数设计、小规模样本训练、大规模样本训练、参数优化、精度提升等过程。

4)遥感自动变化检测模块

遥感自动变化检测模块面向影像自动变化检测需求,基于统计分析的变化检测以历史矢量和新时期影像为输入,通过矢量引导分割、图斑特征统计分析、变化检测等步骤实现对象级的自动变化检测;以多期影像为输入,提供多种主流的像素级的变化检测算法,实现影像对影像的自动变化检测;基于分类结果的快速变化检测以多期影像和对应的分类结果为输入,通过重叠分析与差值运算,实现自然资源变化信息及不同地物类的自动变化检测。同时系统还提供基于多种参数的变化检测伪图斑去除工具,保证变化检测的准确率。

自然资源变化信息提取主要针对新增建构筑物、新增推填土、新增线性地物、新增光伏用地等建设用地变化,以及耕地、园地、林地、草地、水域、湿地等变化状况,应用场景相对复杂,大区域范围提取结果存在大量伪变化等情况。主要技术解决方案为:①针对复杂应用场景中变化目标尺度多变,部分变化目标较小且表现为数据稀疏的问题,采用深度学习卷积神经网络形式,按照不同地物特征分别构建变化提取模型,主要思想是基于神经网络进行信息识别,通过大量样例的训练(学习),得到网络最优参数(函数),再应用输入数据得到最优类别判断的过程。②以任务需求和应用目标为导向,建立业务化应用技术流程,充分利用业务数据和先验知识去除伪变化,包括任务规划、影像配对、变化图斑提取、面向对象去伪、矢量化、成果质检与归档等环节(图2-18)。

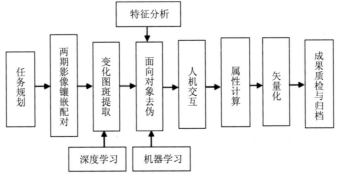

图2-18 变化自动提前业务化技术流程

5）产品质量检查模块

质量检查可以对图形的几何现象、地物的属性信息、拓扑构建结果以及各种矛盾数据进行检测和控制,包括图形检查、拓扑检查、属性检查和逻辑关系检查;通过将问题图形用错误标识进行标记和生成质检结果列表来显示或定位问题所在,方便对存在的错误和矛盾进行在线实时编辑或自动处理,实现了数据的可视化检查和处理,并在完成质量检查后生成质检报告。

6）专题制图模块

专题制图模块是利用高性能、高可扩展性、高可用性的云计算技术,通过分布式存储与并行计算模型,实现海量遥感数据的高速处理和批量制图成图。综合专题制图模块,基于图库一体化模型,采用图库联动的制图表达技术,生产个性化、多样化、实时化的专题图产品。针对不同的专题图产品,通过引入专家制图规则,提高自动化制图效率,形成快速制图解决方案,实现快速批量制图。同时,综合专题制图模块,基于图库一体化模型,实现从地理数据到制图数据的产品生成,并在数据库中保存初次成图成果数据,地理数据增量更新后,结合增量更新包能快速实现制图数据联动更新。

## 四、遥感数据集成与综合展示系统

遥感数据集成与综合展示系统以自然资源青海省卫星应用技术中心存档的多源卫星遥感数据为基础,依托先进的三维可视化GIS平台,提供多源数据集成管理、查询浏览、统计分析、二三维展示、三维交互渲染、三维地形创建、网络服务发布、三维场景制作、报表打印等功能。为青海省自然资源调查、监测、监管(执法)、评价、规划等业务提供卫星应用支撑数据展示服务。包含内网综合展示子系统、外网能力展示子系统和用户权限统一管理,具备多期影像/矢量叠加展示、专题数据统计分析、三维空间交互及符号化等,具备强大的遥感数据集成与展示能力。

内网门户集成系统,是对本次项目建设的几大内网应用子系统访问入口进行统一集中和权限分配,实现单点登录和权限验证功能,统一用户入口。四大子系统包括数据管理平台、影像自动处理平台、遥感智能应用平台、三维综合展示平台。

遥感资源数据集成与综合展示子系统定位为海量数据加载展示,包括遥感解译矢量数据和遥感卫星高清影像数据、多期数据对比分析、专题数据统计分析及专题场景自定义展示等功能模块,以三维场景为基础,叠加高精度地形数据,还原数据周边真实环境,使用户有更好的视觉和交互体验。

### 1. 总体架构设计

整个系统架构采用B/S模式的多层架构系统,从逻辑上分为基础设施层、数据层、平台支撑层、应用层和门户层来组织(图2-19)。系统软件设计采用分层架构技术,以通用性、稳定性定层次,同一层次以功能划分包,以上层服务为导向,逐级设计,逐步细化平台组件的颗粒度。

1）基础设施层

基础设施层提供系统的网络设施、服务器设施、存储设施、安全设施、输入/输出设施等,也包括保障这些硬件设施正常运行的基础软件环境(如操作系统等),基础设施层构成系统的软硬件设施基础,保证数据的安全存储、高效管理和快速传输,也为整个软件系统提供了安全、高效和稳定的运行环境。

2）数据层

数据层是系统的核心。数据层在统一的数据标准与技术规范的规定下,由卫星影像数据库、各类遥感解译数据库、三维模型数据库、三维地形数据库、其他专题数据库组成。同时,数据层还包括空间数据间的逻辑访问和维护接口。数据访问接口具有通用性的特点,可根据不同的权限配置访问不同的数据。

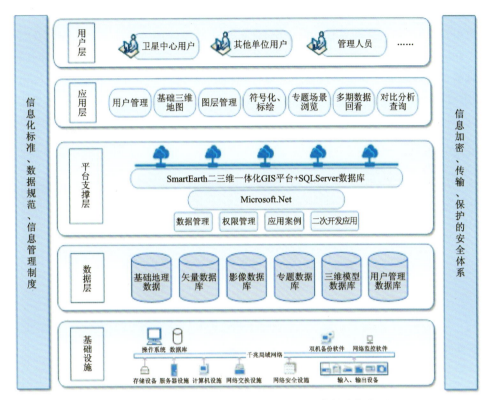

图 2-19　遥感数据集成与综合展示系统总体技术架构图

3) 平台支撑层

平台支撑层为底层平台支撑层 Skyline。其中底层平台支撑层是整个系统所依赖的 GIS 平台、三维平台和涉及的其他相关技术平台。包括地理信息系统平台、数据库平台、各类开发环境和管理工具等,平台支撑层所采用的基础软件产品构成了地理信息系统运行的底层技术支撑环境。

Skyline 是实现整个应用的基础和框架。除提供方便的开发模式外,还提供基本的业务分析、空间数据处理与应用功能模块和组件,可以大大提高应用系统的开发效率。综合了多种关键技术部件,包括基础 GIS 功能、专题图生成技术、空间数据管理、成果数据管理、用户管理、权限认证等。平台中的组件秉承组件内紧耦合、组件间松耦合的基本原则,使得组件之间的相互依赖程度尽可能降到最低,从而保证整合系统具有良好的灵活性、伸缩性和可扩展性。

服务平台由数据库管理子系统、遥感资源综合展示系统和门户集成网站等组成。用户和平台构建人员可据此快速配置与自己权限相对应的遥感资源,从而访问浏览平台。

4) 应用层

应用层是直接与用户交互的系统功能层,根据各规划局部门用户需求的不同构建和开发不同的应用,为不同的用户需求提供服务。该层建立在平台支撑层软件基础之上,应用层通过 GIS 公共开发平台/地理信息服务平台提供的基本功能,集成提供满足用户层需求的数据库管理、数据应用服务功能,满足地理信息系统的易用性及人性化。

5) 用户层

用户层建立在应用开发与集成框架基础之上,与具体应用需求相结合,开发并集成各类应用功能,通过"一站式"登录门户为用户提供人性化的应用界面。在系统设计中,采用了多层体系架构模式,采用组件技术实现基础模块的可复用性,实现平台的灵活性、开放性和可扩展性。系统设计采用 COM 和 SOA 架构思想,以通用性、稳定性为主导,进行分层设计和开发,横向以功能类别为导向,纵向以服务内容为导向,逐级设计,逐步细化各组件的颗粒度。设计中主要考虑以下几点:①设计时按应用需求和功能合理划分系统的层次结构,上层的实现基于下层的功能和数据,并且使同层间功能耦合度达到最小。②一层次结构中,按功能相关性和完整性的原则,把逻辑功能和信息交换紧密的部分以及在同一任务下的处理过程放在同一功能组件包中。③组件与系统主控部分有很强的接口能力,使组件具有可拆卸性,以便于实现对单个组件的更新和不断优化。④展性强,各功能模块以组件式开发,以供将来应用系统的调用,并方便后续的扩展开发。⑤达到应用层与功能层分离,应用层只负责用户界面和功能调用逻辑的实现,最大程度并真正实现功能的共享。

**2. 逻辑架构设计**

系统整体采用 B/S 模式的多层架构系统,逻辑架构大体分为数据层、服务层和应用层,总体逻辑架构如图 2-20 所示。

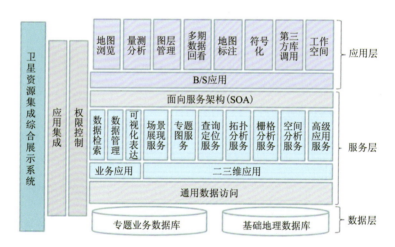

图 2-20　遥感数据集成与综合展示系统逻辑架构图

**3. 技术架构设计**

系统以接口的方式实现集成关系,平台与平台间的集成关系是单向的,借助接口服务完成对相关业务数据与信息的抽取与调用(图 2-21)。

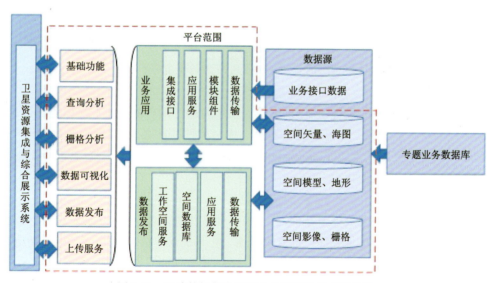

图 2-21　遥感数据集成与综合展示系统技术架构图

**4. 功能架构设计**

该设计分为内网门户集成子系统、遥感资源数据集成与综合展示子系统以及外网三维综合能力展示子系统(图 2-22)。

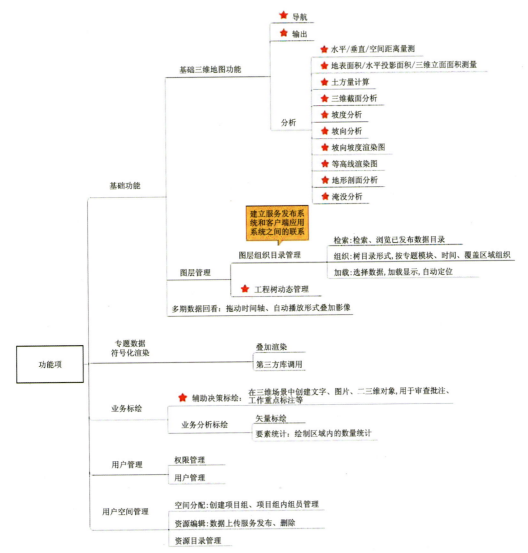

图 2-22  遥感数据集成与综合展示系统功能架构图

# 第三章 平台实现、能力及社会效应

青海省自然资源卫星应用技术平台的建立实现了集多源国产卫星数据统筹管理和采集、快速处理与生产、专题信息提取与评价、信息共享服务与综合展示于一体的一站式服务,有效解决了青海省国产卫星数据源保障问题,达到了服务青海省自然资源管理和经济社会发展的应用目标,基本具备了按照等级和密级向社会和管理部门提供真实、可靠、准确数据的能力。以省内自然资源要素监测、地质灾害防治、生态保护与系统修复、卫片执法和应急监测为应用目标,初步构建了 1 个综合数据库、1 个支撑平台、"1+1+N"青海省自然资源卫星应用示范体系,形成了"一套库、一平台、N 种应用"的遥感大数据服务模式。为青海区域资源环境长期监测及动态巡查提供了有力的技术支撑,有效推动了国产卫星数据在青海的规模化应用。

## 第一节 平台实现

### 一、自然资源青海卫星应用技术平台

平台主页综合展示了卫星资源应用的五大重要指标,即卫星影像资源、卫星影像处理、行业应用服务、三维案例应用和典型案例应用,通过实时统计图分布显示,生动直观地展示和统计出当下所接收到的卫星遥感数据类型、影像数量、覆盖率,遥感原始数据和成果数据的对外分发量等信息;此外,开发了四大子系统入口模块(图 3-1),包括数据管理系统、影像自动处理系统、遥感智能应用系统、成果三维展示系统,各子系统采用单点登录的形式进行关联与映射,有效管理和统计不同用户的使用及访问状况。

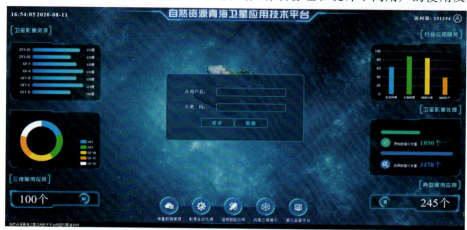

图 3-1 自然资源青海卫星应用技术平台集成首页

## 二、卫星遥感数据综合管理系统

多源遥感影像数据管理系统是科学管理海量、多源卫星影像数据的信息化手段,是整个平台的核心软件,负责数据组织、数据维护、数据服务、数据安全等。该系统一方面提供数据的高效管理功能;另一方面为公众提供数据服务,实现了海量影像数据有序规范的质量检查、存储管理、数据分析和查询统计、数据分发服务一体化管理。该系统主要实现部卫星中心推送的原始卫星影像数据的自动入库、多源异构海量数据的存储和管理、数据在线查询、订单生产和数据下载等,是自然资源青海卫星应用技术平台对外提供服务的基础系统。建成的多源遥感影像数据管理系统具有完善的卫星影像数据集成管理、信息查询统计、数据更新维护、系统安全管理等功能。

多源遥感影像数据管理系统主要针对中心现有及生产的各类数据,包括原始卫星数据、基础产品数据、专题产品数据、基础支撑数据及地质成果数据等,提供数据统一建模,完成各类数据的接入,通过数据归档功能实现数据的入库管理;同时综合数据管理软件,提供对于入库数据的查询浏览、数据下载、统计分析等功能(图3-2~图3-4)。

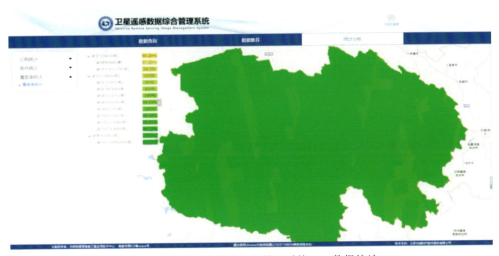

图 3-2　多源遥感影像数据管理系统——数据统计

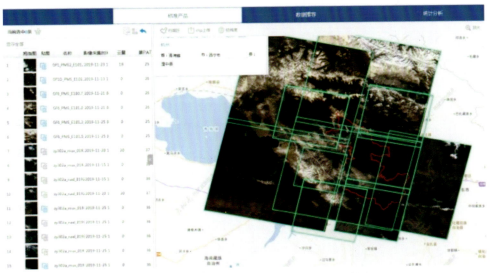

图 3-3　多源遥感影像数据管理系统——数据挑选

图 3-4　多源遥感影像数据管理系统——订单申请

多源遥感影像数据管理系统采用多层架构设计,通过采用空间数据库技术进行系统的建设,并通过并行调度后台服务器资源进行高效归档,实现海量多源异构数据的入库、查询、统计、分发、订单管理与输出应用。数据管理系统采用自动入库和分类管理,数据建模技术根据数据文件组织及内容构建数据的文件结构、空间模型与元数据模型,从而组合构成唯一描述该数据的资料数据模型,通过数据资源管理将数据模型抽象成数据库表,实现数据模型的实例化,从而实现数据类型的扩展;通过数据并行调度归档实现海量数据的高效入库管理,同时数据归档服务器节点可根据需求进行扩展。管理系统后台如图 3-5～图 3-9 所示。

## 三、卫星影像自动化处理系统

卫星影像自动化集群处理系统以服务青海省自然资源主责主业的卫星遥感应用为目标,在自然资源部国土卫星遥感应用中心分发的共性通用产品的基础上,建立具备开展基础产品和专题应用产品业务化生产的能力。遥感影像集群自动化生产系统,是构建在网格计算环境下,提供适合大规模遥感影像快速、批量处理的一整套软硬件产品技术解决方案。系统能够处理国内外各种中高分辨率航空、航天遥感影像,运用大规模区域网平差、高精度地形匹配、智能匀色镶嵌等技术,可快速生成数字正射影像和数字高程模型等相关产品,适用于常规与应急等多种作业模式下的影像产品制作,用户可根据不同的业务需求,选择对应的功能进行生产。卫星影像自动化集群处理系统运用多层次并行计算框架设计,采用基于 GPU-CPU 混合协同并行处理的 MOCG 计算模型及控制基准网技术,有效实现了国内海量的国产卫星数据(包括高分一号、高分一号 B 星、高分一号 C 星、高分一号 D 星、高分二号、高分六号、高分七号、资源一号 02C、资源一号 02D、资源三号 01 星、资源三号 02 星、资源三号 03 星等)以及国外商用卫星 SPOT-5、IKONOS、ALOS、QuickBird、Aster、Landsat、WorldView1/2/3、GeoEye1/2 等多源遥感大数据的快速几何精校正、自动 DSM/DEM 生产、自动 DOM 生产、影像数据质检、卫星影像基准网建设等处理和生产,不论是在常规处理方面,还是在实时处理方面,均体现出速度、精度优势,目前可实现常态化业务应用需求下日均 100 景和密集型产品生产需求下日均 150 景的正射影像标准产品自动化生产。如图 3-10～图 3-17 所示。

图 3-5　文件结构建模界面

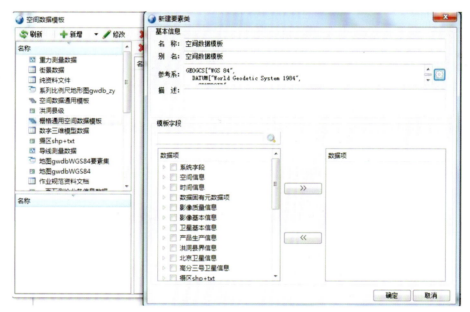

图 3-6　空间数据模板界面

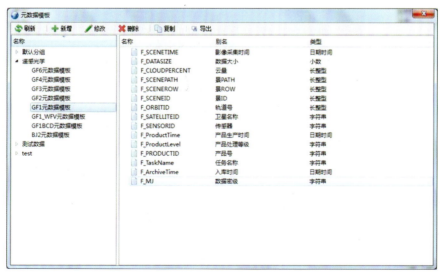

图 3-7　元数据模板界面

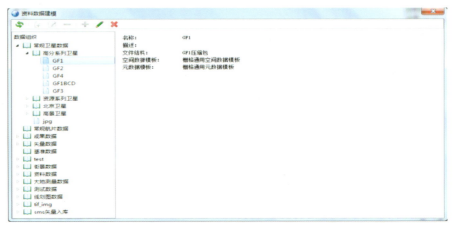

图 3-8　资料数据建模界面

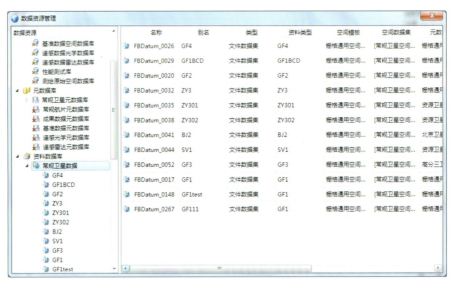

图 3-9　数据资源管理界面

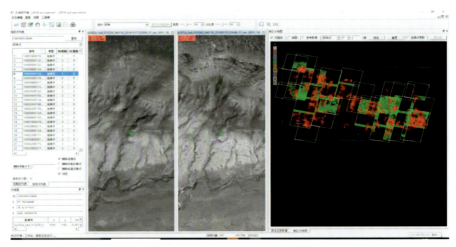

图 3-10　多源遥感影像数据管理

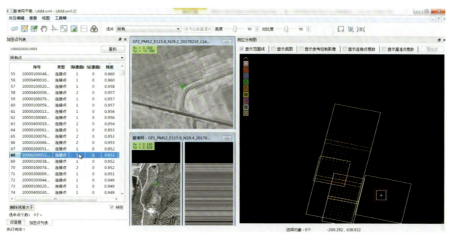

图 3-11　基准网更新平差

图 3-12　几何精纠正平差精度报告

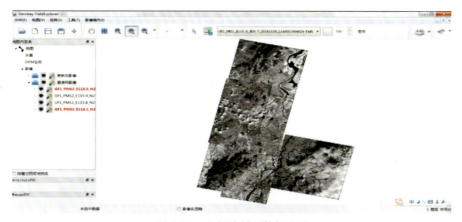

图 3-13　几何精纠正数据查看

图 3-14　几何精纠正数据卷帘查看

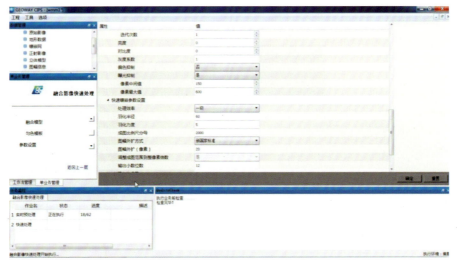

图 3-15　融合影像实时处理

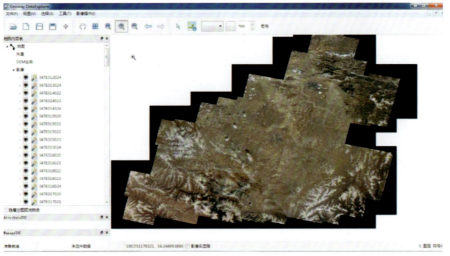

图 3-16　影像实时处理结果预览

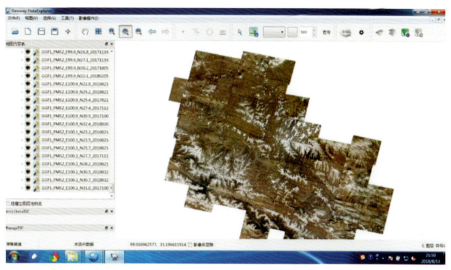

图 3-17　影像匀光匀色实时预览

## 四、遥感智能解译系统

遥感智能解译系统利用智能遥感解译与信息服务等方式建成即时和按需产品共享能力,支持开展青海省自然资源监测内业信息提取、外业核查和举证,可同时对外提供成果展示服务、项目应用情况、中心数据概况、产品服务和业务支撑等相关信息的共享服务。主要包含影像生产(分幅数据)、单期单要素监测生产、两期变化监测生产、数据集管理、人工交互等功能(图 3-18)。

图 3-18　登录界面

系统采用面向对象的分类技术,充分利用对象信息(色调、形状、纹理、层次)和类间信息(与邻近对象、子对象、父对象的相关特征),突破了传统遥感软件单纯基于光谱信息进行影像分类的局限性,极大地提高了影像的自动信息提取精度。软件基于"矢-栅一体化"的交互式编辑技术,高效地保障遥感信息提取的效率和精度,可以满足数据生产和工程应用的需求。根据地物光谱特征信息和作物物候信息准确识别部分典型地物类型,如推填土区、水域、光伏用地等,做到"定性"智能化。系统集成了多种业务模型和插件,供用户调用和编辑,进行相应的生产监测生产。主要包括建设用地提取、新增建设用地提取、水体提取、光伏提取、湖泊提取、道路提取、保护区人类活动监测、塌陷灾害体提取、露天采场提取、冰川提取、林草提取等业务(图3-19)。

图3-19　业务模型管理

工作流程由五部分组成,即影像生产、自动提取、人工交互、成果整理、报告生成。点击不同的流程,可进入不同流程的新建界面,该界面可查看流程名称、流程状态、创建时间、开始时间、结束时间、流程描述等内容,并对流程进行新建和编辑(图3-20~图3-26)。

图3-20　工作流程影像生产界面

图3-21　任务分配界面

第三章 平台实现、能力及社会效应

图 3-22 水体自动提取参数配置界面

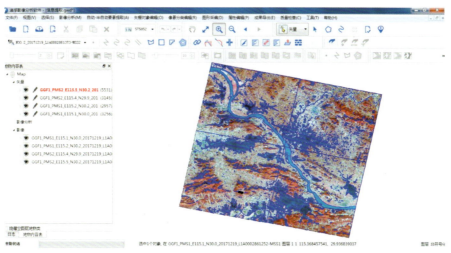

图 3-23 水体提取结果展示

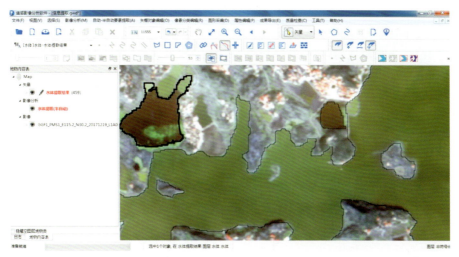

图 3-24 半自动水体提取操作截图

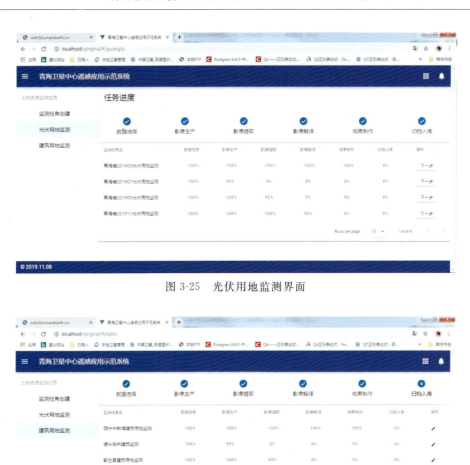

图 3-25　光伏用地监测界面

图 3-26　建筑用地监测界面

遥感智能解译系统模拟人脑分层结构的神经计算模型,通过深度学习构建多层神经网络来抽取自然目标特征,形成更加抽象的遥感地物信息的高层特征模型,实现遥感影像的自动解译,目前已构建水体(河流、湖泊)、建筑、光伏用地、新增构筑物等自然资源要素自动化、规模化提取的模型,支持高效并行批量处理,辅以半自动技术进行辅助交互提取和边界修边,相较于传统信息提取方法,其自动化程度大大提升,减少了人工投入量,解决了传统人工作业效率低的问题,提取精度可随样本的累积大大提高。

## 五、遥感数据集成与综合展示系统

遥感数据集成与综合展示系统分为内网门户集成首页、外网综合展示子系统和内网综合展示子系统开发,其中各模块软件开发情况汇总如下。

### 1. 内网门户集成首页

内网门户集成首页主要功能包括数据统计图表展示、应用子系统单点登录跳转、内网子系统登录窗口和权限判断。

内网门户集成系统是对本次项目建设的几大内网应用子系统访问入口进行统一集中和权限分配，实现单点登录和权限验证功能，统一用户入口。应用子系统包括数据管理平台、影像自动处理平台、遥感智能应用平台、三维综合展示平台。

门户界面还实现了对卫星资源数据整体情况以统计图表形式展示，直观反应平台数据收集、处理、分发、应用等不同环节的情况，让每个用户首先能够清晰、直观地看到整个中心数据流转和生产作业过程中数据量的变化，并且能够进行实时反馈。

首页页面展示内容包括卫星影像资源情况、行业应用服务、卫星影像处理（分发）、三维案例应用、典型案例应用等，同时，用户可以通过展示系统首页，访问"卫星遥感数据综合管理系统""卫星影像自动化集群处理系统""自然资源智能遥感解译系统""内网展示系统主界面"等系统（图3-27）。

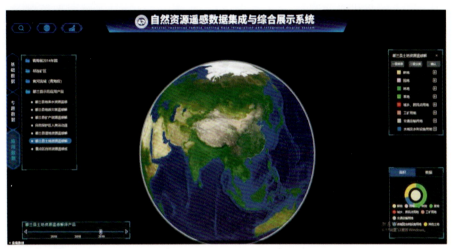

图 3-27　遥感数据集成与综合展示系统（集成首页）

**2. 外网综合展示子系统**

外网综合展示子系统将高清卫星遥感影像、高精度 DEM 数据和矢量专题数据进行加载，通过功能菜单控制各图层和数据的显示隐藏，同时系统具备三维场景漫游、浏览、缩放、测量等基础功能，子系统部署在外网政务门户网站，方便公众和外网普通用户日常浏览体验（图3-28）。

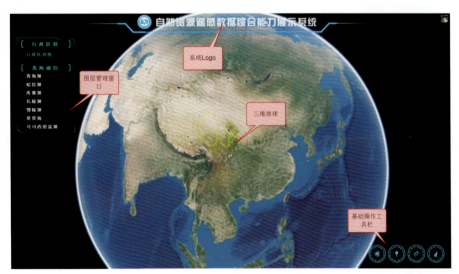

图 3-28　外网综合展示子系统

用户可以通过图层管理窗口选择想要浏览的矢量及影像图层,点击之后可以直接在三维地球上加载并跳转到该数据范围。右下角提供常用的三维交互操作,可供外网游客用户体验三维场景交互和测量、文字标绘等功能。

**3. 内网综合展示子系统**

内网综合展示子系统完成数据收集整合、分类处理和发布,系统功能已经完成功能模块的开发工作,包括三大专题模块和14个子专题模块和几十个三级专题功能,目前已具备基础的用户登录、浏览查看、空间分析、专题分类、数据管理、属性查询、统计分析等功能。

1)基础功能

内网综合展示子系统提供空间测量、坡度坡向分析、兴趣点标注、二三维图形绘制、视域分析、图片文字注记、矢量数据、影像图层导入、地形修改、剖面分析等功能(图3-29、图3-30),用户可以根据不同场景的需要选择对应的工具进行使用。

图3-29　外网综合展示子系统的工程树功能

图3-30　外网综合展示子系统的影像对比功能

2)基础数据

基础数据模块分为原始影像数据、地理信息数据和成果影像数据三大子模块。

(1)原始影像数据中可以查看不同卫星影像数据的覆盖范围和覆盖率,同时地图上将各种卫星影像覆盖范围用不同颜色加以渲染和叠加展示,直观体现系统接收的卫星影像覆盖率情况(图3-31)。

图 3-31　原始影像数据展示

（2）地理信息数据中包括市级、县级行政区划专题图，道路交通专题图，地名和水系专题数据，可以在三维场景中单独查看或者叠加查看（图 3-32）。

图 3-32　地理信息数据展示

（3）成果影像数据模块收集了青海全省多期高清影像一张图，支持单独显示及叠加切换（图 3-33）。

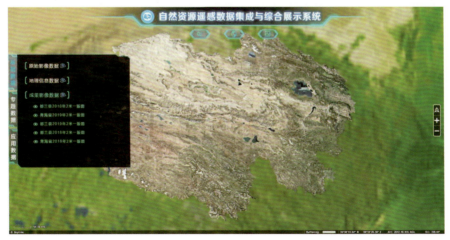

图 3-33　成果影像数据展示

3)专题数据

专题数据模块分为六大子模块:水资源专题、土地资源专题、地质灾害专题、地质矿产专题、湿地资源专题、生态环境专题。

(1)水资源专题中包含湖泊监测子专题,收集青海省重点湖泊区域的多年影像数据和矢量边界数据,通过时间轴可以滚动选择查看具体某一年份的湖泊影像和矢量数据,同时可以通过统计图表和数据统计直观表现湖泊面积的变化情况(图3-34)。

图3-34 青海湖历年遥感监测成果展示

(2)土地资源专题中更新了建筑用地监测产品,全省各市、州、区、县建筑用地解译成果综合展示模块是青海省自然资源卫星应用技术平台后期高度关注的专题之一,平台已入库17批次各市、州、区、县新增建筑用地监测提取成果图斑,包括图斑对应的两期对比影像小片。通过对批次和区县划分,将数据重新梳理分类,方便用户根据区域名称和批次进行筛选查看,同时根据建筑用地类型对各批次图斑类型和图斑面积进行分类统计(图3-35)。

图3-35 新增建筑用地遥感监测成果展示

(3)地质灾害专题中地灾模型展示模块可以看到针对山体滑坡点附近进行的倾斜摄影实景建模,根据模型制作的山体滑坡分析及应急预案(图3-36)。

图 3-36　滑坡隐患倾斜建模成果展示

（4）地质矿产专题根据茶卡北山的伟晶岩提取图层结合三维地形场景进行叠加浏览展示（图 3-37）。

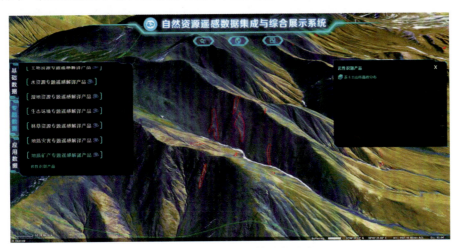

图 3-37　茶卡北山的伟晶岩展示

（5）湿地资源专题将全省湿地资源的遥感解译数据成果进行场景叠加展示，可以根据湿地资源一级、二级分类进行筛选，点击地图上的图斑显示对应的一级和二级分类名称及图斑面积等信息，同时支持多年数据对比统计分析和数据图表展示（图 3-38）。

图 3-38　青海省湿地资源遥感监测成果展示

(6)生态环境专题将原有 WFS 服务替换为 WMS 服务,极大地提升了加载和查询效率,包括荒漠化专题、水资源湿地专题、全省林草专题、黄河流域林草专题等专题(图3-39~图3-41),优化了同类专题模块的交互和操作体验。

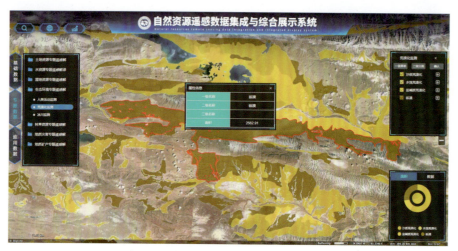

图 3-39　青海省荒漠化遥感监测成果展示

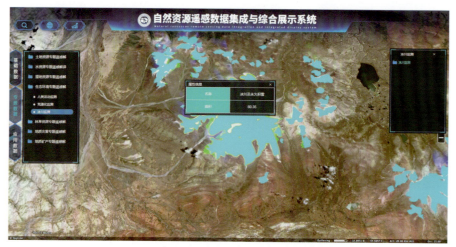

图 3-40　青海省冰川遥感监测成果展示

图 3-41　青海省林地资源遥感监测成果展示

4)应用数据

应用数据模块主要包括近年来所承担的遥感类项目成果,展示了自然资源青海卫星应用技术中心的数据采集、数据处理、数据应用等完整链路。其中矿山遥感监测应用数据包括局部高精度DEM地形和矿区土地利用情况及矿区矿山环境解译成果展示,同时根据矢量图斑面积分类统计,可以点击查看矢量块信息详情(图3-42);该模板还对自然资源遥感调查成果数据进行分类分级展示,具体交互操作和展示效果同专题数据模块中的各个专题图层(图3-43)。

图3-42　青海省江仓煤矿区遥感监测成果展示

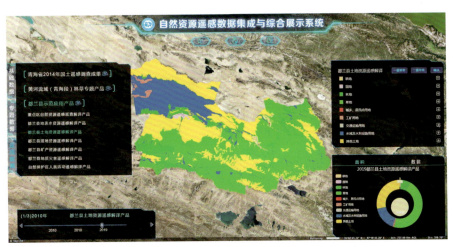

图3-43　青海省都兰县自然资源遥感监测成果展示

## 第二节　平台能力

### 一、数据接收情况

平台具备海量多源异构影像数据集成管理与分发的能力,兼顾影像生产和共享服务需求,目前已具有TB级的数据接收和数据管理能力,实现了省域国产卫星数据的实时汇聚,以及本地化查询和检索等服务。

自 2019 年 3 月 12 日正式接入自然资源部国土卫星遥感应用中心云服务平台以来，截至 2022 年 3 月 12 日，已成功接收国产卫星数据 998 批，共 63 750 景，数据量共 78 201.24 GB。主要包括资源一号 02C 星（ZY1-02C）、资源三号 01 星（ZY3-01）、资源三号 02 星（ZY3-02）、高分一号卫星（GF-1）、2 米/8 米光学卫星（GF-1B、GF-1C、GF-1D）座、高分二号卫星（GF-2）、高分六号卫星（GF-6）、高分七号卫星（GF-7）、资源一号 02D 卫星（ZY1-02D）、资源一号 04A 卫星（中巴地球资源卫星 04A 星，CBERS-04A）等 14 颗卫星数据，实现了海量原始影像数据和成果影像数据的综合管理。

## 二、数据处理情况

平台形成了面向政府和公众的 PB 级大数据存储和处理能力，为使用遥感数据的相关行业提供实时遥感数据支撑，实现了青海省全域的高频次覆盖制图，整合构建具备全省统一的空间基准、精度和分类标准的卫星遥感应用数据库。利用该基准网实现了所接收卫星数据的统一时空基准全自动几何校正，新增数据自动定位相对精度优于 1 个像元。形成了包含 GF-1、GF-2 等数据产品的全省年度覆盖无云高精度数据集以及 2 米分辨率的全省遥感影像"一版图"，打造了强有力的数据引擎，成为青海省遥感大数据应用的重要数据基础。

## 三、数据服务情况

平台按照"横向到边、纵向到底"的原则，推进自然资源及各行业应用，立足自然资源面向社会多领域，已开通 19 家数据节点，通过线上、线下方式高效提供数据支持和产品服务。其中，2019 年提供影像服务达 3175 景，数据量 9896 GB；2020 年提供影像服务达 7417 景，数据量 12 351.5 GB；2021 年提供 4485 景卫星数据，数据量约 14 788 GB。为青海省多个行业部门的业务化监测应用提供了强大的数据支撑。

## 四、遥感智能解译情况

平台结合深度学习的遥感智能要素提取技术和半自动提取技术进行信息提取，能够支撑湖泊、河流、林地、光伏等信息提取应用。以深度学习的遥感智能要素提取为主，支持高效并行批量处理，辅助以半自动技术，进行辅助交互提取和边界修边，解决了传统人工作业效率低的问题，同时，提高了全自动化作业的提取精度。

面向青海省自然资源厅业务处室需求，利用卫星遥感、机器学习等先进技术建立的遥感智能解译系统，具备全省自然资源变化及时发现能力；在服务自然资源调查、矿山环境监测、增减挂钩、自然资源执法监管、省级国土"三调"等主责主业的基础上，有效应对了省政府、生态环境厅、水利厅等关注的"黄河流域生态保护和高质量""矿山生态修复""湖泊扩张"等环保、生态热点问题；并依托青海省违建别墅清查整治专项行动，为青海省相关州局提供了有效服务。2020 年依托平台中的遥感智能解译系统开展了青海省域的自然资源变化图斑月度提取工作。监测的变化图斑具体包括建设用地、推填土、线状地物等新增情况，采用的工作模式为计算机自动快速提取和人工判读修正。利用 2020 年 4—10 月最新影像，对青海省 30 余个县的自然资源开展常态化遥感监测工作，共计提取变化图斑 20 余批次，为国土空间用途管制、国土空间执法监察等业务管理决策提供便捷、高效的数据服务和信息辅助支持。

## 第三节 社会效应

青海省自然资源卫星应用技术平台利用遥感大数据服务于青海省社会经济发展的相关成效已经显现出来，也发现了大量值得关注的现象。累计开展自然资源主体业务应用遥感监测20余项，应用国产卫星数据开展了自然资源调查监测、矿山地质环境监测、土地（矿产）卫片执法、国土空间生态修复监测、自然保护区人类活动监测、地质灾害监测等遥感调查监测工作，为自然资源开发与监管、生态环境保护与修复等提供了有效的技术支撑和决策依据。

依托平台的卫星数据优势，利用年度多期次高分数据继续对青海省2018年因水位暴涨威胁青藏公路与铁路而上热搜的可可西里盐湖开展遥感动态监测，收集了该地区的多期次遥感影像，对2009—2016年水边线变迁、盐湖最大汇水面积、水文地质等内容进行了解译，按月度及时掌握和科学分析当前可可西里盐湖水患的现状与变化情况，并与2019年同期影像进行了监测对比分析，为盐湖管理部门的盐湖外泄防治工作和守护青藏大动脉提供了翔实可靠的数据支撑。2019年7月初，应青海省自然资源厅违建别墅督查办公室对违建别墅清查整治工作的要求，精心安排部署了违建别墅遥感调查工作，充分运用遥感技术手段，调用2018—2019年高分辨率多源卫星遥感数据，完成40个县（区）疑似别墅遥感解译图集，对全省疑似违建别墅、生态园等违建物展开前期遥感调查摸排工作。2019年11月1日，自然资源部和青海省自然资源厅在西宁共同组织开展了"黄河上游重大生态问题调研会议"，青海省地质调查院卫星遥感中心作为专家组成员单位，主要参与"水平衡对生态绿化、退耕还林还草、防沙治沙的影响"的调研。利用平台2019年最新国产卫星数据资源优势，提前启动并组织开展了黄河流域青海段林、草资源遥感调查工作，初步摸清黄河上游青海段林、草资源家底和分布状况，并初步编制了2019年林、草资源遥感调查图；对比2014年遥感调查成果，总结了近年来青海黄河流域区内林、草资源的动态变化和主要生态问题，为自然资源部调研黄河流域重大生态问题提供了内容全面、丰富、详实的最新参考数据。利用2019年最新时相的国产卫星数据制作完成了青海省西宁市、海东市、海北州等18个县（区）的高精度正射影像图，提升了青海省第三次全国土地调查遥感数据的时效性，有效解决了冬季河湖边界勾绘、夏季农田边界勾绘、阴影影像替换等问题，进一步指导了调查举证工作。

2020年在青海省第三次全国国土调查、"大棚房"问题专项清理整治、违建别墅清查整治专项行动、青海省黄河流域生态保护和高质量发展战略、省域自然资源变化图斑常态化监测、河湖应急监测、农村乱占耕地建房问题整治、青海省生态环境监测卫星数据保障等专项工作中发挥了重要作用，提供了多样化的卫星数据和应用产品，高效服务于省级自然资源管理中心与生态文明建设工作；利用多时相卫星数据在东台吉乃湖、西台吉乃湖、鸦湖、苏干湖及那陵格勒河等开展了长时序河湖监测和基于高精度DEM数据、遥感影像的流域水系自动提取等研究工作，及时掌握苏干湖等湖泊动态变化、水情汛情形势等，为流域的水管理、鸦湖泄洪等提供了科学的技术支撑和实时精准的数据信息，技术支撑河湖全面监管和流域生态环境保护与治理等工作；编制完成《卫星图说"新"玉树》图集，为纪念玉树"4·14"地震10周年献礼。图集详细展示了10年玉树沧桑巨变与重建成效，遥感见证了玉树重生，呈现卫星视觉下玉树的新面貌，展现了玉树各族人民对祖国的感恩之情。

2021年面向自然资源调查监测、督察、执法等需求，持续开展了城乡建设用地增减挂钩节余指标跨省域调剂验收遥感核查分析、三江源自然保护区48宗矿业权地质环境恢复治理成效"回头看"遥感核查、青海省自然资源变化图斑快速提取、青海省地勘项目绿色勘查遥感动态监测、格尔木市矿山动态巡查等工作；积极履行卫星中心社会职责，全力助力遥感应急保障，第一时间启动了"3·15"青海省达日县草原火灾和"5·22"果洛州玛多县地震的遥感应急监测工作，迅速查询和调取灾区灾前多期次高分遥感影像数据和灾后最新的海洋卫星数据、高分卫星数据等,分别查明了草原过火面积约 5.49 km²,制作了地震震区主要县镇、重要水利工程、矿山尾矿库和公路桥梁等交通设施区域的遥感影像图,开展了受损情况的监测等工作,为相关部门及时提供卫星数据及灾情遥感监测产品。

相关成果受到了新华网、新浪网、中国新闻网、环球网、光明网、中国日报网、澎湃新闻、海外网、《人民日报》《青海日报》、"学习强国"等国内诸多主流媒体的高度关注,被广泛转发,引起社会广泛关注和热烈反响(图 3-44)。在主流媒体上先后发表了《青海省卫星技术实现陆海对接》《高分影像带您走进"动

图 3-44　媒体报道

物世界"》《可可西里湖泊动态封冻》《卫星回眸青海湖》《星阅黄河》《青海湖泊卡通肖像》《卫星趣看——大美青海之盐湖》《卫星趣看大美青海之门源花海》《透过上帝之眼感受冬日冰冻之美》《高分七号卫星立体影像震撼来袭——"站"起来的高清地图》《青海湖证件照》《卫星图像观察青海湖》《卫星遥看青海湖鸟岛、沙岛十年之变》《跟随总书记的脚步"遥"看青海湖畔的生态发展》《国产卫星观青海之"秋意浓、惹人醉、迎国庆"》等专题报道，分别以亚米级高分辨率立体测绘卫星、陆地高分辨率卫星、海洋卫星等不同数据，从不同视角、不同空间位置、不同季节展示了大美青海重要城市、著名湖泊、旅游风光打卡地等高原美景，以卫星视角展现了大美青海"绿水青山、山高水长、人与自然和谐共生"的美丽画卷，让人们足不出户便可"畅游"高原美景，体验到青海的自然之美、生态之美、和谐之美！并进一步普及和提高了社会大众对卫星遥感技术的了解和助推国产卫星的应用，有效助力青海在国内外知名度和美誉度进一步提升的同时，也为青海省自然资源管理和服务决策提供了高效的信息化技术支撑。

# 第四章　示范研究

## 第一节　卫片执法

通过卫星遥感等技术可以将一个地区的土地、矿产利用情况形成卫星相片图（简称卫片，也叫卫星图像），将该地区同一地域前、后两个不同时期的卫片进行叠加对比能够得出该地区土地、矿产利用变化情况，对发生变化的地块逐一进行核查，重点是检查该行政区域的新增建设用地（用矿）情况，发现和查处违法用地（用矿），并依据有关法律法规和规章，对符合条件的违法严重地区，开展警示约谈、启动问责，督促落实地方各级政府自然资源保护主体责任。青海省地域广阔，迅速及时地发现自然资源变化信息，是实现青海省自然资源监测常态化和精细化管理的基本要求，也是卫片执法工作的主要工作任务。卫星遥感仪器可以全天候、全覆盖地对地球表面进行不间断的监测扫描，相对于其他土地执法检查（巡逻、举报等），具有精度高、速度快、范围广等特点，变化图斑智能提取虽是卫片执法的第一步，却是重要环节。本章以卫片执法为切入点，基于深度学习的遥感智能化信息提取技术研究，结合青海省域内卫片执法图斑日常生产任务，积累适用于青海地区的大量样本，并通过生产—训练—升级—生产的循环模式，对模型进行不断完善升级，最终总结出一套基于青海省自然资源卫星应用技术平台，适合于青海地区的智能化信息提取技术，通过接入平台，实现了从数据处理到智能提取的业务化应用。相比传统的信息提取方法和两期变化检测方法，采用深度学习方法对青海省自然资源变化进行监测，对不同卫星、不同传感器遥感影像有着更强的普适性，监测成果精度高，能够大大减少人工作业量，提高监测效率，同时探索构建了全面、客观、高效、统一的全省常态化自然资源监测体系，实现自然资源违法行为"早发现、早制止、严查处"，维护自然资源开发利用和保护秩序。

### 一、智能化信息提取

深度网络模型的建立是智能化提取的前提和基础。基于深度学习的智能化信息提取，在遥感应用的场景包括目标检测（单类、多类目标定位检测）和变化发现，也就是常说的单期单要素提取和两期变化监测提取。对于单期单要素提取，其过程就是将初始感兴趣要素提取的结果作为深度学习的对象，对学习结果归类划分得到特征信息，这些信息归入图斑数据库（样本库），大量样本训练便得到了提取业务的网络模型，再将特定规格的高分辨率正射融合影像数据作为输入遥感监测生产系统，计算机利用已建好的网络模型将疑似要素信息进行标注，通过与样本库图斑进行对比，提取所需要素图斑。单要素监测提取业务主要包括光伏、建设用地、道路、水体、湖泊等单类要素提取。两期变化监测提取主要是指提取变化要素，比如新增线性地物、新增建（构）筑物、新增推填土等。提取过程与单期单要素监测提取基本相同,不同之处在于,输入对象为前、后两期影像,除了需要提取后期影像的信息之外,还要与前期影像进行比对,得到两期变化信息,再经过人工判读修边,最终得到变化图斑信息(图4-1)。

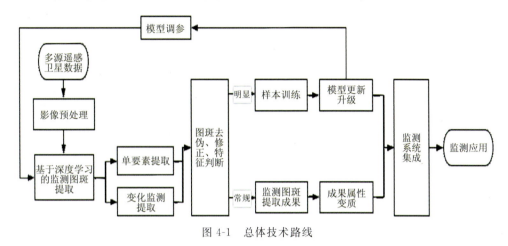

图4-1 总体技术路线

无论是单期单要素提取,还是两期变化监测提取,都有训练样本的标注、网络学习训练、信息提取、样本增广5个主要步骤。

**1. 训练样本的标注**

基于深度学习的智能提取技术想要获得较为理想的提取结果,离不开海量样本数据的支持,训练样本选取的多少和优劣,很大程度上影响着深度学习网络的建立以及智能化信息提取的最终效果。训练样本数据越丰富,特征识别就越准确,模型的泛化能力就越强,最终提取效果就越具代表性和全面性。训练样本可以在待检测图像集中人工勾选,也可以将历史影像中的典型标志性要素作为训练样本,这些人工勾选和典型标志就是初始训练样本,将这些样本制作成标准规格的样本集,就是样本标注的过程。一个完整的样本,包括样本影像和样本标签,其中样本影像就是感兴趣要素的遥感影像表达,样本标签就是一个记录样本特征信息的二值图像,图中的白色区域表示目标样本内容,黑色区域则表示目标之外的部分。不同目的的样本格式又有所不同,比如单要素提取的样本包括:样本影像a、样本标签b(图4-2);而变化监测的样本包括前期样本影像a、后期样本影像b、样本标签c(图4-3)。

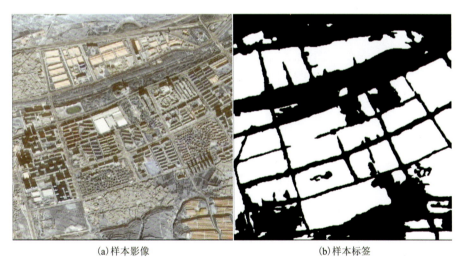

(a)样本影像　　　　　　　　(b)样本标签

图4-2 单要素提取样本

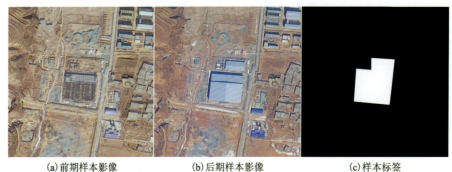

(a)前期样本影像　　　　　(b)后期样本影像　　　　　(c)样本标签

图 4-3　变化监测样本

**2. 网络学习训练**

基于大量的样本数据集和初始网络模型,初始网络模型自动学习输入样本的特征信息(比如光谱特征、几何特征等),然后通过卷积计算和池化操作等,将这些特征信息抽象为不同种类目标地物的属性信息。训练过程,其实也就是实现网络模型算法的过程,主要分为向前传播过程和反向传播过程。向前传播过程中,网络的第一层首先接收到输入的样本数据,然后通过卷积计算、池化操作等,输出特征结果,输出数据再经过损失函数计算,得出训练结果与真值的误差,形成类别标签,作为反向传播过程的输入。反向传播过程,也是网络训练的核心,向前传播经过损失函数计算得到的类别标签,与样本标签作比对,若结果与样本不一致,就开始进行误差的反向传播,由后向前求导,调整更新每层的权重参数。网络学习训练,就是向前传播和反向传播交替进行的过程,以此来反复调参,直至输出结果与样本的误差在允许范围内,让模型能够通过合适的参数较为精确地控制训练结果,从而提高训练结果属于某个类别的可能性。

**3. 信息提取**

信息提取阶段以高分辨率数字正射影像数据作为输入,用深度学习训练得到的网络模型完成遥感影像上目标地物的信息提取。对于单要素提取,深度学习网络会将疑似目标要素的区域进行标注,在与数据库图斑进行对比后,提取疑似的目标要素图斑。而变化监测提取比单要素提取多一个步骤,即将前、后两次提取的图斑进行特征分析,再利用多个分析模型,最终以概率模型的方式输出变化发现结果。具体步骤如图 4-4 所示。

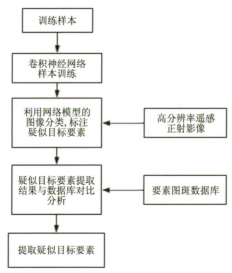

图 4-4　目标要素信息提取流程

**4. 样本增广**

上述3个阶段是智能化信息提取的整个过程,提取出的图斑既可以作为生产结果,也可以作为待制作的样本来扩充样本库。提取模型的精度与样本数量的多少呈正比,想要将模型不断升级,获得更高精度的提取模型,就需要不断扩充和更新样本库,每次的生产结果就成了扩充样本库的一个选择,但是生产结果的数量还远远不够,因此就要在不改变图像类别的基础上进行数据增广,以此来提高模型的泛化能力。常用的数据增广方式主要包括两种手段,一是几何增广,二是像素增广。几何增广也就是通过对样本作几何变换,使一个样本变成不同几何位置的多个新样本,比如可以将样本进行镜像、旋转、翻转、缩放、平移等。像素增广是基于像素的增广方式,针对样本的单个像素进行变换,以此来得到新的样本,比如颜色抖动、增加噪声(如椒盐噪声、高斯噪声)等。但是对于复杂的地物,上述简单的手段很难获取高质量的样本,所以还需要尝试多种方式组合等其他手段来不断丰富数据量。

## 二、卫片执法图斑生产

**1. 数据准备**

依托已建设完成的"自然资源综合数据管理系统"获取多源遥感数据,采用2米级国产陆地卫星GF-1、GF-1B、GF-1C、GF-1D、GF-6、ZY-3等高分辨率卫星数据。

**2. 数据预处理**

数据预处理主要包括基准网平差、模型平差、正射融合、波段计算等。凭借自然资源青海卫星应用技术中心建设完成的"自然资源卫星影像自动化集群处理系统"对所需影像进行批量化处理,该系统集成图像处理的各个步骤,能够流程化、大批量生产遥感正射融合影像,为智能化提取所需的大量遥感数据提供了高效数据生产平台。

(1)基准网平差。基准网平差的主要目的是对原始影像进行几何校正,通过构建卫星影像基准网平差模型,在解决多期遥感影像几何一致问题的同时,大幅度提高匹配和平差的可靠性。卫星影像基准网平差本质上是基于RPC模型(有理多项式数学模型)的区域网平差模型,其是在卫星影像拓扑关系构建的基础上,经过连接点匹配、控制点匹配、DEM误差改正,采用平差模型,经过多节点并行化处理,自动匹配出最佳连接点和控制点,剔除误差较大的连接点和控制点,最后生成改正后的RPC模型参数,构建包含卫星原始影像、改正后的RPC模型、DEM、连接点、控制点的基准网平差模型。①连接点获取。利用青海卫星应用技术中心的卫星影像自动化处理系统中的自动匹配功能,通过搜索影像间重叠区域的同名点来获取连接点,对轨道内与轨道间的同名点分别进行自动匹配、粗差剔除与自由网平差,平差精度在2 m以内的同名点被选为连接点。②基准点获取。利用青海卫星中心监测基准网、DEM以及卫星影像自动化处理系统中控制点自动匹配功能,自动匹配特征明显地物作为控制点,青海地区海拔较高,且内部高差较大,采用密集匹配方式产生大量控制点以保证控制点的采集精度(图4-5~图4-8)。

(2)模型平差。模型平差是以经过基准网平差的全色影像为基准,通过多光谱与全色影像模型匹配连接点,实现多光谱影像与全色影像的配准。

(3)正射融合。正射融合阶段就是正射校正和影像融合的流程化处理,利用已进行平差的影像RPC校正模型,对影像进行正射校正后,融合全色与多光谱影像。由于受摄影轴倾斜、大气折光、透视投影、地球曲率及地形起伏等诸多因素影响,在成像过程中影像中各像元产生不同程度的几何变形而失真。正射校正图像能够很好地解决成像过程中各种因素导致的影像畸变问题。正射校正需要获取影像范围内的高程模型(DEM)数据,它的基本原理是在相片上选取一些地面控制点,然后利用高程模型(DEM)

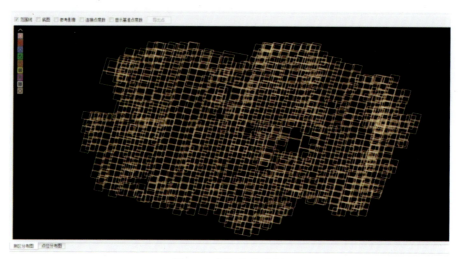

图 4-5　青海省基准网

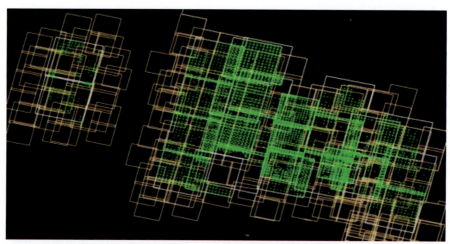

图 4-6　连接点分布图

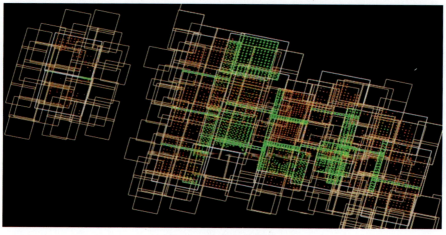

图 4-7　基准点分布图

图 4-8　参考影像(a)和原始影像(b)对比图

数据,对影像同时进行倾斜改正和投影差改正,最后通过重采样得到正射影像(DOM)。正射校正后的影像融合就是指采用两幅以上的图像通过某种算法融合为一幅新的图像过程,遥感影像融合方法分为像素级融合、特征级融合和决策级融合3个层次。本书是将2 m全色影像与8 m多光谱影像进行像素级融合。分别采用IHS融合方法、Brovey融合方法、PCA变换法、小波变换法、乘法变换法、PanSharp融合法对国产高分影像和资源三影像进行融合试验(图4-9)。综合考虑目视效果、光谱保真度和空间细节表达,采用PanSharp方法进行影像融合处理(图4-10)。

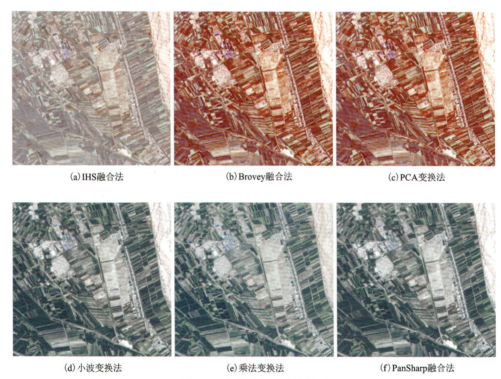

图 4-9　多种融合方法效果图

图 4-10　PanSharp 方法影像融合

（4）波段计算。波段计算就是根据实际影像生产需求，对影像的波段进行自由组合，以此来进行图像增强。通过波段计算，将含有 4 个波段的影像重组为 3 个波段的影像，采用"321"真彩色合成，即 3、2、1 波段分别赋予红、绿、蓝色，最终获得自然彩色合成图像。

### 3. 单期单要素监测提取

1）单要素初始样本集

根据上述基于深度学习的智能化信息提取技术，单期单要素提取的关键步骤，也是要前期积累大量的样本，供深度学习模型训练，在具有大量样本的基础上，构建适配的单要素提取模型，最终实现智能化提取。结合青海地区的一些基本要素类型和特色要素类型，选定了建筑物、道路、湖泊、水体、光伏用地等几类要素，作为单要素提取对象。收集历史解译工作积累的一些要素矢量，挑选一些特征明显的要素类解译成果，以 2 米级分辨率国产高分遥感影像为基础，生产单要素样本作为初始样本集，供深度学习模型训练和调参。

建筑物初始样本主要是在青海省东部地区选择，这是因为东部地区人类活动密集、建筑物特征多样，能够较好地囊括建筑物所具备的光谱特征、纹理特征等。图 4-11 所示为部分建筑物预选样本。

道路初始样本包括铁路及轨道交通类、国道、省道及乡村道路等。由于道路在横向上的面积特征获取较难，尽量选择在纵向上连续性较好的道路作为样本，保证样本特征的完整性。图 4-12 所示为部分道路预选样本。

湖泊和水体初始样本主要包括大、中、小型湖泊，水库，河流，水塘等。样本训练是靠滑动窗口来进行特征学习，因此大型的水体在窗口上可能只表现为一种色调和纹理特征，为了能让湖泊特征信息更加明显，选择的样本中要包含一些水体周围的其他要素，这样可以保证水体与其他要素的可区别程度高。图 4-13 所示为部分湖泊水体预选样本。

光伏是青海地区的特色要素，光伏在遥感影像上的特征明显，与其他要素有较高的区分度，因此深度学习效果也较好。图 4-14 所示为青海省海西州部分光伏用地预选样本。

图 4-11 部分建筑物预选样本

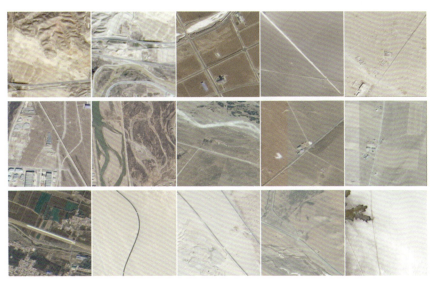

图 4-12 部分道路预选样本

图 4-13 部分湖泊水体预选样本

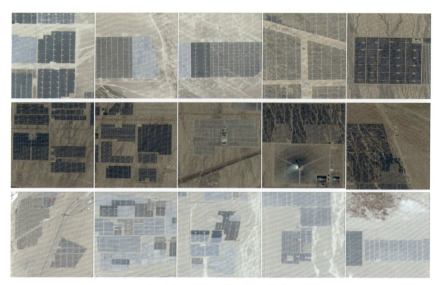

图 4-14　光伏用地预选样本

2）单要素提取

得到由初始样本反复迭代训练调参后的模型，输入单期正射融合影像数据，进行单期单要素监测提取，最终得到单要素监测提取结果（图 4-15）。

建筑物/道路　　　　　　　　　　湖泊/水体　　　　　　　　　　光伏用地

图 4-15　单要素监测提取结果

#### 4. 两期变化监测提取

1）变化要素初始样本集

两期变化监测提取是将前、后两期影像上的变化信息作为提取对象，其初始样本构成是前、后两期影像，以此获取各个图斑的光谱、纹理、几何特征形成大数据分析的基础。通过前、后两期样本的分析比对，利用多种算法，构建出多个分析模型，最终通过决策模型输出变化信息。根据青海地区常见用地变化类型，选定"新增线性地物""新增建（构）筑物""新增推填土"等变化类型作为两期变化监测提取的初始样本，供模型学习和调参。

新增线性地物主要是指新建成的铁路及轨道交通类、国道、省道及乡村道路等，图 4-16 所示为部分新增线性地物预选样本；新增建（构）筑物是指在裸地、空闲地上新建各类建筑物或构筑物，比如砖瓦房、板房、彩钢房等，图 4-17 所示为部分新增建（构）筑物预选样本；新增推填土是指原有用地被填挖，形成新的用地类型，图 4-18 所示为部分新增推填土预选样本。

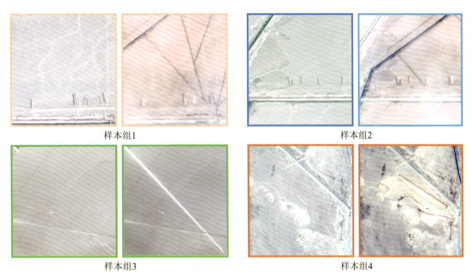

图 4-16　部分新增线性地物预选样本（左为前时相影像，右为后时相影像）

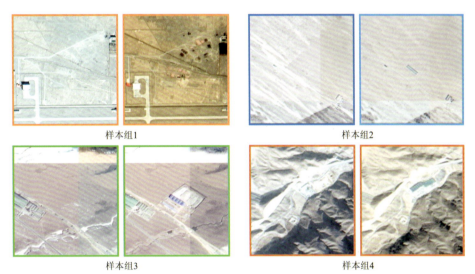

图 4-17　部分新增建（构）筑物预选样本（左为前时相影像，右为后时相影像）

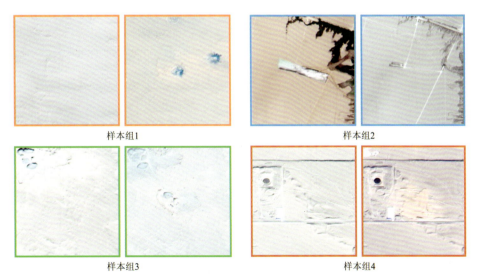

图 4-18　部分新增推填土预选样本（左为前时相影像，右为后时相影像）

2)变化发现提取

同单要素信息提取一样,反复迭代训练调参后,得到两期变化发现模型,输入前、后两期正射融合影像数据,进行变化监测提取,得到变化图斑(图4-19)。

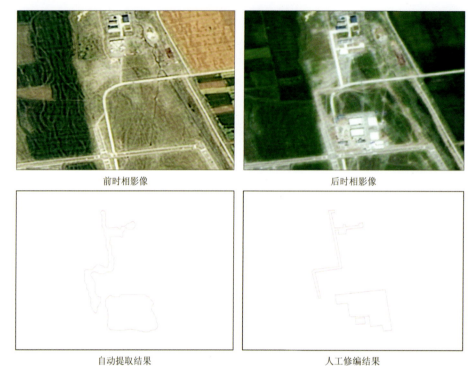

图4-19　新增建(构)筑物变化图斑提取

**5. 样本采集及模型升级**

样本数量越增多,深度学习模型对于各种样本的特征信息掌握就越精准,泛化能力就越强。因此,进行样本数据的增广,提高模型的泛化能力,也是实现青海地区智能化信息提取的关键环节。结合青海地区智能化信息提取的相关业务,将特征表现明显的图斑作为新的预选样本,输入深度学习模型进行迭代训练,更新模型提取参数,升级模型(图4-20)。

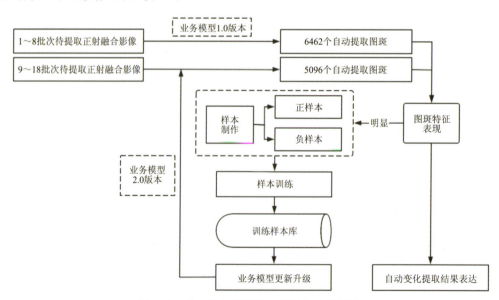

图4-20　样本采集与模型升级的技术流程图

1~8批次由业务模型1.0版本生产提取,自动提取图斑提取总数6462个,人工交互图斑提取总数2835个,查全图斑840个,完整率32.23%,正检图斑1127个,正检率25.86%。针对业务模型1.0版本提取效果较差的新增推填土、道路等图斑类型,从自然资源部下发成果和作业图斑中优选高质量图斑制作样本,变化图斑累积扩展正样本下发图斑样本9792组,作业图斑样本673组,同时针对典型的云、影像亮度差异等产生的误提取,制作负样本3501组,进行了模型的升级。图4-21所示为新增推填土、新增建(构)筑物等变化图斑提取的样本示例。

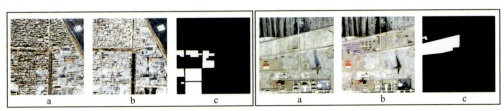

图4-21 样本示例

目前新模型正样本25 034组,负样本3501组,模型结构由原先的叠加模式升级为特征高度耦合模式,网络由原先的MobileNetV2升级为EfficientNet,正检图斑量增加,召回率提升;典型误检图斑减少。后续利用升级的模型2.0进行9~18批次生产提取任务,自动提取图斑提取总数5096个,人工交互图斑提取总数1510个,查全图斑1220个,完整率80.79%,正检图斑1557个,正检率30.55%(表4-1,图4-22)。

表4-1 模型升级信息对比表

| 版本 | 批次 | 自动提取图斑/个 | 人工交互图斑/个 | 查全图斑(人工)/个 | 完整率/% | 正检图斑(自动)/个 | 正检率/% |
| --- | --- | --- | --- | --- | --- | --- | --- |
| 模型1.0 | 1~8批 | 6462 | 2835 | 840 | 32.23 | 1127 | 25.86 |
| 模型2.0 | 9~18批 | 5096 | 1510 | 1220 | 80.79 | 1557 | 30.55 |

图4-22 模型升级提取效果对比图

## 三、系统测试与应用

将前文所述的技术方法进行整合集成,搭建完成了"青海省自然资源遥感智能解译系统"。该系统整合了计算资源、技术资源和应用资源,现已实现流程化业务应用,能够进行建设用地提取、水体提取、光伏用地提取、道路提取、两期变化监测提取等任务,满足自然资源要素提取的快速、准确需要。通过网址访问完成注册登录,就可使用该系统的各项功能。

**1. 功能组成**

智能解译系统主要包含的功能模块有影像生产、单要素监测生产、两期监测生产、数据集管理、人工交互等。

1)影像生产

该模块对输入的正射融合影像做分区处理。由于图斑提取是窗口滑动检测机制,分区数据是供后续图斑提取使用。系统集成了多种分区处理功能,可以对输入的影像做裁切和镶嵌。裁切是将输入影像按照设定规格进行裁剪,镶嵌是对有旁向重叠的影像做镶嵌,去除重叠影像区的压盖关系,确保重叠区域只有一幅影像。

2)单要素监测生产

该模块包括5种方案类型:水体提取方案、光伏用地提取方案、湖泊监测方案、建设用地提取方案、道路提取方案。用户可根据要素提取需求,选择对应的提取方案类型,进行单期监测生产。

3)两期监测生产

该模块可以对两期影像进行变化监测,提取输入前、后期影像存在变化的图斑信息。两期监测生产方案包括2种方案类型:新增建设用地提取、湖泊监测。

4)数据集管理

该模块可以对用户生产的分幅数据进行发布,用户可以将经过裁切镶嵌的数据发布成数据集,进行反复调用。对于有相同数据范围需求的业务,可以直接调用数据集而不用重复生产影像。

5)人工交互

该模块可以对提取业务生成的结果进行人工作业。高级作业员可以按照分幅向普通作业员分配人工作业区域,作业员可以对提取结果进行图斑去伪、人工修边、属性编制、提取结果整理等操作。

**2. 界面介绍**

智能解译系统主界面包括工程管理、系统管理、配置管理以及任务列表4个部分(图4-23)。

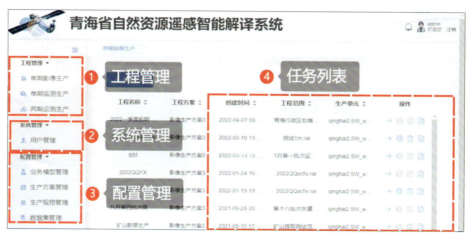

图4-23 系统界面功能区分布

1)工程管理

界面包括单期影像生产、单期监测生产、两期监测生产,这些功能模块可供用户调用。调用对应模块,可以进入该功能模块的工作流,以单期监测生产为例,进入单期监测生产工作流。工作流包含影像生产、自动提取、人工交互、成果整理、报告生成等阶段(图4-24)。

图4-24 单期监测生产工作流

2) 系统管理

系统管理主要是管理系统用户账号,包括权限设定、用户名设定、密码修改等。

3) 配置管理

配置管理内容包括业务模型管理、生产方案管理、生产规格管理、数据集管理。①业务模型管理是对提取业务所要调用的模型插件的管理,用户可以根据对业务模型的自由组合、编辑,生成生产方案。用户还可以导出业务模型,修改原有业务模型并进行模型插件的更新,提高生产精度。本系统具备:建设用地提取、水体提取、光伏提取、湖泊提取、道路提取、新增建设用地提取、分幅镶嵌、影像准备、交互配件、监测模型构建等模型插件。②生产方案管理是由上述业务模型自由组合得到的生产方案,对于有相同需求的生产任务,用户可以对已经组合打包的方案进行直接调用,不必再重复手动进行各个插件的组合。例如一个光伏用地提取方案,可能是由影像准备、分幅镶嵌、光伏提取、监测模型构建、交互分配、启动交互判读软件等插件组合生成。③生产规格管理是对影像做分区处理的规格进行管理,包括25 000标准分幅、省级行政区划、市级行政区划、县级行政区划等生产规格,用户可按照需求对生产规格进行更新、调用和管理。④数据集管理是对需要反复进行调用的数据进行查看、发布、删除等(图4-25)。

图4-25 配置管理——业务模型管理

4) 任务列表

任务列表包括记录历史任务的工程名称、所用工程方案、创建时间、工程范围、生产单元。还可以新建工程并设定工程名称、选定工程方案、上传工作范围、选定生产单元、选定成果整理单元等。设定好基本信息之后,进入生产任务流,通过配置流程、选择处理模式、输入影像、配置影像参数,然后开始执行,系统就开始提取业务,提取结束后进行矢量整理、属性赋值、小片裁剪等流程,完成相应业务需求(图 4-26)。

图 4-26　青海省××地区疑似违法图斑提取

### 3. 系统生产应用

2018 年,青海省自然资源厅挂牌成立,更加注重维护自然资源管理秩序,坚决遏制新增乱占耕地建房,严格保护耕地和矿产资源,尤其是重点保护永久基本农田、可以长期稳定利用耕地和黄河长江及其流域重要湖泊沿线自然资源。2019 年至今,将研究和应用相结合,基于深度学习方法进行了遥感智能化信息提取技术的研究和变化图斑提取工作,利用"青海省自然资源遥感智能解译系统"进行了 2020 年度、2021 年度和 2022 年度青海省内卫片变化图斑监测提取(图 4-27),监测图斑提取类型包括新增线形地物、新增建(构)筑物、新增推填土、新增光伏用地、新增库塘等(图 4-28),在"早发现""精准性"上下功夫,为青海省自然资源厅相关单位执法工作提供了参考变化图斑支持,为实现自然资源监测的常态化和精细化管理提供基础服务。

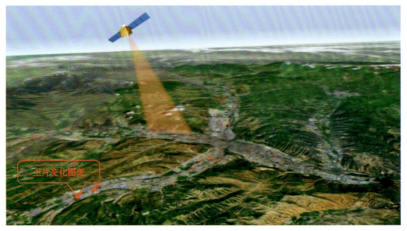

图 4-27　青海省西宁市某时期卫片变化图斑提取结果示意图

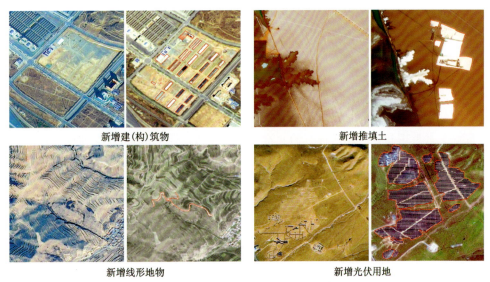

图 4-28　卫片变化图斑前后遥感影像图

2020 年 4—9 月，以 2019 年第四季度影像为前期影像，2020 年最新接收影像为后期影像，向厅相关单位提交青海省自然资源变化图斑 18 批次，累计提交 107 次，通过伪图斑剔除和后续人工修正等工作，最终提交 3867 个有效图斑（图 4-29 左），覆盖青海省所有区（县），其中西宁全市、海东全市、海南全州、同仁县、尖扎县、格尔木市、德令哈市等 26 个区（县）实现了 3 次以上监测。根据影像接收情况，逐步形成了月度监测按周生产的监测模式，为构建省级卫片动态监测提供了有力数据支撑。

2020 年 10—11 月，开展青海省重点区（县）农村乱占耕地建房疑似违法图斑提取工作，提取大通县、湟中区、互助县、民和县、循化县、乐都区 6 个区（县）疑似违法图斑共计 1908 个，及时服务于农村乱占耕地建房专项整治工作。

2021 年 5—12 月，以 2020 年第四季度影像为前期影像，使用 2021 年最新遥感影像为后期影像，在青海省重点监测区域与非重点监测区域开展提取工作，重点区域监测频次高，伪图斑剔除和人工修边后，提取变化图斑 3788 处（图 4-29 右）。

2022 年 1—9 月，根据影像收集的情况，青海省全域内进行卫片变化信息快速提取，已提交 28 批次的变化图斑，共计变化图斑 1867 处。形成了按周生产的监测模式，每月提交 2~4 批次，每季度进行一次补充，年度进行一次补充。进一步提高卫片执法的时效性、精准性和系统性，常态化支撑国土卫片执法，有效服务于省厅与地方自然资源系统"两统一"职责。

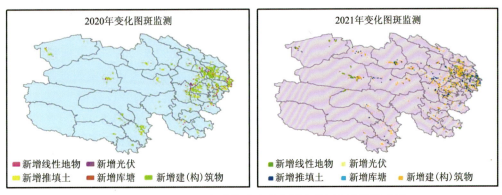

图 4-29　2020—2021 年青海省自然资源变化图斑监测示意图

## 四、总结与展望

依托自然资源青海卫星应用技术中心建设完成的"自然资源卫星影像自动化集群处理系统"对所需影像进行批量化处理,做好智能化信息提取技术的数据保障。在此基础上,选择湖泊、道路、水体、建筑、光伏用地等常规要素类别和青海地区特有的要素类别进行初始样本采集、模型训练及提取试验,针对青海地区做智能化信息提取技术方法试验,现已能够高效提取需求要素,适合青海地区的信息提取业务。基于青海地区智能化信息提取的方法试验,建立并不断优化工作流程和技术方法,整合搭建完成"自然资源遥感智能解译系统"。该系统能够进行单期影像生产、单期监测生产、两期监测生产等多种流程化业务,能够满足大批量遥感信息提取的需求,大幅提高了信息提取的效率和质量。结合青海地区的部分业务,开展智能化信息提取应用,边生产边训练,在取得一定应用成效的基础上,积累了针对青海地区的样本,供后续模型训练。

基于深度学习的智能化信息提取,经过学习研究和实验,在青海地区取得了一定的成效,仍存在一些问题需要进一步研究与完善,今后的研究可从以下几个方面展开。

(1)增加正负样本积累和样本训练频率,进一步提升模型精度。训练样本的数量和代表性是深度学习的关键,不同的选取方法也会影响提取模型的效果。目前,针对青海地区的智能化信息提取的结果,伪图斑占比仍较高,因此,应结合青海地区实际应用需求,考虑高海拔地区的地区差异,多从平地、山区、多云雪地区等不同区域,建立青海不同地区、不同卫星传感器影像样本库,选择大量有针对性的正、负样本影像,供模型进行特征学习,使得提取模型更加贴合高原地区的实际应用业务。

(2)进一步完善系统,增强各系统间的信息交换能力,提升应用效能。目前阶段,智能解译系统还有部分业务模型、生产方案未完成组合封装,下一步要根据实际业务需求,应尽快完善业务模型和生产方案,不断拓宽智能化信息提取技术应用业务范围。使得各系统能够有效配合,进行高效的信息共享。

# 第二节 玛多7.4级地震应急监测

2021年5月22日2时4分,青海省果洛藏族自治区州玛多县(北纬34.59°,东经98.34°)发生7.4级地震,震源深度17 km。应急管理部5月28日发布的《青海玛多7.4级地震烈度图》显示,地震最高烈度为Ⅹ度,面积约为69 km²,主要涉及青海省果洛藏族自治州玛多县玛查理镇,宏观震中位于玛多县玛查理镇,微观震中位于玛多县黄河乡。Ⅵ度区及以上面积约为53 704 km²,烈度图长轴呈北西西走向(http://www.mem.gov.cn/xw/yjglbgzdt/202105/t20210528_386251.shtml.)。地震发生之后,自然资源、地震等部门及相关研究单位开展了大量的地震、地质灾害调查及地质环境调查等工作,查明了重灾区房屋震害及极震区桥梁道路的破坏情况(刘炜等,2021;李鑫等,2021;蔡丽雯等,2021;殷翔等,2021),梳理了玛多7.4级地震前日常震情中出现的地震活动异常现象(张博等,2021;张增换等,2021),并对地震烈度进行了快速评估(张灿等,2021)。根据野外考察、地质资料和InSAR地表破裂迹线确定玛多7.4级地震的发震断裂为北西走向、左旋走滑的昆仑山口-江措断裂,在余震区东端出现马尾状分叉特征,展现出大型走滑断裂带的末梢效应(王未来等,2021),沿主破裂面的两端均表现出分支破裂特征,说明本次地震触发了分支断层(徐志国等,2021);地震产生了151～160 km长的具有左行走滑特征的同震地表破裂带,形成了一系列由张裂隙、张剪裂隙、剪切裂隙、挤压鼓包和裂陷等多类型破裂雁行状组合而成的复杂同震地表变形带,破裂段为江措段,在河谷、沼泽地区伴有大量喷砂冒水、砂土液化现象和重力滑坡等现象(潘家伟等,2021;李智敏等,2021;姚生海等,2021),说明巴颜喀拉地块内部强震活动的孕震条件和机理应该是未来需要进一步关注的科学问题(盖海龙等,2021);同时,以欧洲航天局升、降轨 Sentinel-1 SAR 为数据源,联合 GNSS 连续观测、基于 D-InSAR 技术也探测到明显的形变场(华俊等,2021;杨君妍等,2021),并获取了此次地震的区域孕震环境、同震和震后初期的变形特征以及地震形变场动态结果(苏小宁等,2022;姜卫平等,2022;张岚等,2022)。为了深入理解本次地震所引发的地表破裂带对地质环境的影响情况,利用自然资源部国土卫星遥感应用中心推送的多源国产卫星数据,依托青海省自然资源卫星应用技术平台,结合震前高分一号、高分二号等正射影像,在分析地质构造背景的基础上,从多尺度对玛多"5·22"地震所引发的地震破裂带,道路、桥梁等基础设施损毁情况以及地质环境变化等方面进行遥感解译,并开展了与地震的影响和作用相关的研究,为后续工作的开展提供重要的参考信息和依据。

## 一、地震地质背景

地震区位于黄河源地区,地形起伏不大,平均海拔 4400~4500 m,为宽缓的盆地状谷地,河流切割较浅,仅发育有Ⅲ级河流阶地。该地区主体为北西-南东向带状盆地地貌(图 4-30),区内地貌类型主要为高山地貌、河谷地貌、湖成地貌、冰川地貌和冻土地貌,占优势的地貌类型是宽谷和河湖盆地,多为断陷作用形成,在断陷盆地的边缘多保留着湖成阶地或发育有山前台地和洪积扇。区内相对高差较小,属于高平原地区,地形平坦,山丘浑圆,宽谷与河湖相间,沼泽发育,湖泊众多,黄河源地区内多见现代风成沙丘分布。

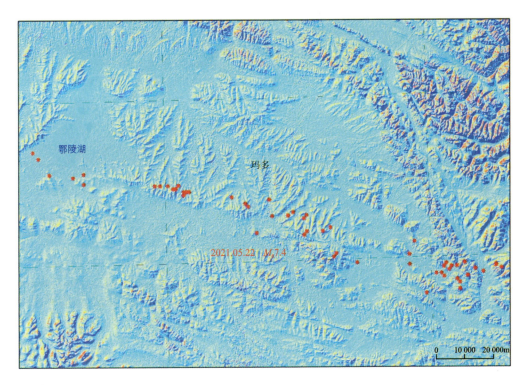

图 4-30 黄河源地区地貌特征

地震区隶属北羌塘-三江造山系巴颜喀拉地块可可西里前陆盆地,形成时限为三叠纪,早、中三叠世水下冲断时期,前陆盆地已经萌生,晚三叠世北部为陆上冲断,南部为水下冲断,是前陆盆地的继续演化时期,为古特提斯洋闭合后汇聚碰撞的结果。该前陆盆地呈北西西向展布于可可西里—巴颜喀拉一带,夹持于昆仑山口-甘德断裂及可可西里南缘断裂之间。区内涉及的主要地层单位为巴颜喀拉山群昌马河组($T_{1-2}\hat{c}$)、甘德组($T_2gd$)和清水河组($T_3q$),三者为连续沉积(图4-31)。昌马河组可以划分出两个建造组合:砂岩夹板岩段半深海浊积岩(砂砾岩)组合及砂板岩互层段半深海浊积岩(砂板岩)组合;甘德组为陆源碎屑浊积岩组合。清水河组可以划分出两个建造组合:砂板岩互层段为半深海浊积岩(砂板岩)建造组合;砂岩夹板岩段为滨浅海(局部为海陆交互相)砂泥岩组合。昌马河组和清水河组砂板岩互层段,发育不同类型的鲍马序列,具浊积岩特点。该盆地具有早期复理石、晚期海相磨拉石前渊盆地双幕式充填序列特征。玛多"5·22"$M_S7.4$地震震中出露地层为巴颜喀拉山群昌马河组,岩性以变不等粒岩屑长石砂岩、中细粒岩屑长石砂岩夹少量泥质板岩为主;西部余震位置出露地层主要为巴颜喀拉山群清水河组;东部余震位置出露地层主要为巴颜喀拉山群甘德组。沿扎陵湖和鄂陵湖湖缘、湖边高地、山坡以及野马滩一带发育高位多级湖相沉积,形成时代为第四纪早更新世—全新世,前人称之为黄河源群($QH$)(朱大岗等,2009)。由水平层理发育、有时有清晰的微层理,分选良好的砂、粉砂、黏土、亚砂土和亚黏土组成。湖积物以细砂、黏土、泥质粉砂层等湖相沉积为主,其次为砂砾层。除此之外,地震区位于青藏高原多年冻土区东北部边缘地带,是季节冻土、岛状多年冻土和在大片连续多年冻土并存地带,属中纬度高海拔型多年冻土区(金会军等,2010)。

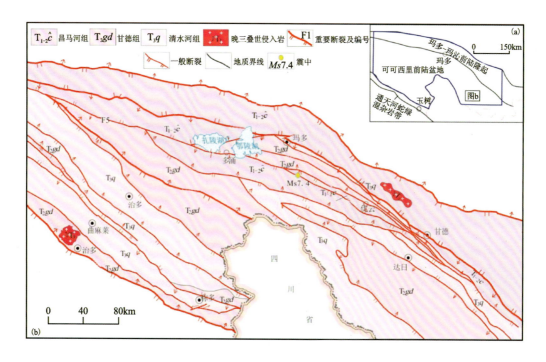

图4-31 地震区区域地质图

区内有少量的岩浆活动,在扎日加至东端的年宝玉则地区呈小岩株出露。侵入三叠系巴颜喀拉群,侵入接触界线清楚,界线弯曲,有岩枝侵入围岩。岩石类型以正长花岗岩、斑状正长花岗岩、二长花岗岩、花岗闪长岩为主。大量同位素显示岩体形成于晚三叠世,认为是俯冲性花岗岩组合。

地震区隶属巴颜喀拉块体,其北缘上部地壳、结晶基底在高原块体间碰撞挤压,地壳增厚过程中改造作用更为明显。巴颜喀拉北缘库赛湖-玛沁断裂、块体内部昆仑山口-达日断裂对应结晶基底显著下陷,岩性破碎,低速,向南倾斜,显示了巴颜喀拉块体逆冲抬升的构造特征(郭文斌等,2016)。以准刚性块体整体向东南方向滑动,变形主要集中在4个边界区域:东部边界龙门山地区为强烈挤压变形区域,西部边界以伸展变形为主,南、北边界以走滑变形为主。由于具有弱的顺时针旋转特征,北部边界滑移速率大,东部边界水平挤压作用强烈,均可发生 M8 级以上大地震(邓起东等,2010;李海兵等,2021)。巴颜喀拉块体内部的玛多-甘德断裂、达日断裂第四纪晚期以来可能有过强烈的活动并至今活跃,具有第四纪晚期活动性和孕育、发生大地震的构造条件(熊仁伟等,2010;王培玲等,2016;梁明剑等,2020)。高分一号卫星影像显示(图 4-32),地震区断裂构造发育,北西-北西西向断裂为区内主干构造,与黄河源盆地的展布方向一致,地貌特征受断裂构造作用控制较为明显。主要的断裂自北向南依次为:①东昆仑断裂、②布青山山前断裂、③玛多-甘德断裂、④昆仑山口-江措断裂、⑤麻多-野牛沟断裂和⑥巴颜喀拉山前断裂(钱程等,2012;王未来等,2021;潘家伟等,2021)。盆地边缘的东昆仑断裂、布青山山前断裂、巴颜喀拉山前断裂对盆地的展布形态和整体地貌特征具有控制作用,表现为比较明显的地貌分界线;盆地内玛多断裂、昆仑山口-江措断裂和麻多-野牛沟断裂破坏了古湖积阶地的层状地貌,控制着盆地内部的地势起伏变化和黄河源区水系的整体展布,线性特征十分明显,断裂切错山前第四系,形成线性陡坎,坎下发育沼泽带,出露泉水,多处水系发生明显错动,表明现今仍在活动。主要断裂特征如下。

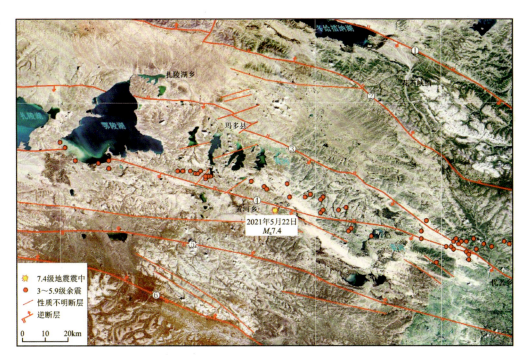

图 4-32 玛多地区中、强地震及其余震分布特征图(遥感卫星数据为 GF-1 影像,空间分辨率为 2 m)

### 1. 布青山山前断裂

布青山山前断裂为Ⅰ级构造单元康西瓦-修沟-磨子潭地壳对接带的南界。区域上西始巍雪山,东延经玉虚峰、阿拉克湖南、布青山南坡进入甘肃省,南侧为本次震区——巴颜喀拉地块。走向先北西西-南东东向后转北西-南东向,走向 98°~118°,倾向 1°~38°,倾角 30°~50°,省内长达千余千米,有较大规模的韧性剪切带,在西大滩有分支合并现象。断裂带岩石动力变质作用异常明显。沿断裂带岩石相当破碎,形成宽数百米到数千米不等的挤压破碎带,断裂横切冲沟、切错山前第四系,形成线性陡坎,多处水系发生明显错动(图 4-33);两侧次级断裂发育,产状紊乱;破碎带内断层角砾岩、断层泥(黄褐色、青灰色、灰白色)、糜棱岩化岩石、碎裂岩化岩石、挤压片理、构造透镜体等均较发育。花石峡—青珍南一带地震活动频繁。地震测深反映花石峡南断裂深达 70 km,伸入地幔,为一岩石圈断裂,9 km 深度内断面北倾,9 km 以下有向南倾之势,但倾角甚陡。

该断裂在中段次级断层十分发育,呈叠瓦状排列,构成宽数千米的断层破碎带。带内次级断层、密

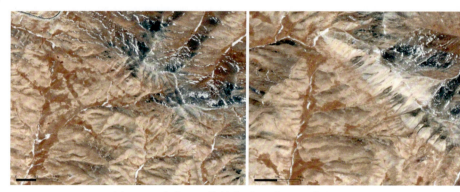

图 4-33 布青山山前断裂(花石峡段)影像特征(GF-1)

集的滑劈理、破劈理以及挤压扁豆体等均以北倾为主,少数向南陡倾斜,断层形成时间晚于北倾逆掩断层或逆冲断层,南倾断裂带内的分带现象也说明该断裂属断裂带后期活动的产物。断裂带早期以十分密集的破劈理带为特征,下盘发育粉砂质初糜棱岩,夹有挤压扁豆体和滑劈理组成的构造透镜体,局部夹有裂隙密集的岩块。劈理发育与岩石能干性有关。一般板岩内劈理密集,微劈石厚度为几毫米甚至在毫米级以下,而砂岩中微劈石厚度较大,呈棱形状、长条状碎块夹于破劈理密集带中。在断裂带内部一些应力集中、位移较大的地段,构成圆滑程度较高,破劈理向滑劈理转变,所夹岩石碎块也逐渐变为构造透镜体,构成构造透镜带。宏观上表现为断面南倾的逆冲断层。形成时代可能在海西运动主期。

综合分析,该断裂经历了长期的活动,并由韧性变形完全转变为脆性变形。沿断裂分布印支期花岗岩、岩脉,并被再次挤压发生破碎。沿断裂古近纪—新近纪形成的断陷盆地型磨拉石沉积,局部被断裂再次活动推覆到老地层之下。盆地底部由于断层的活动使渐新统被挤入基底内。第四纪中晚期,断裂不仅对稳流河一带的冰碛、冲洪积分布有一定的控制作用,局部还有切割破坏作用。因此可以看出,该断裂自晚古生代—第四纪,一直处于较为强烈的活动状态之中,为一条早期韧性、晚期脆性的复合断裂。

**2. 玛多-甘德断裂**

玛多-甘德断裂为玛多-玛沁前陆隆起与可可西里前陆盆地的分界断裂。西始昆仑山口西,东延经鄂陵湖北、玛多、甘德北延入甘肃。整体走向北西,倾向北东,呈向北东微凸的弧形,省内出露长度约 780 km。地球物理资料反映断裂切割深度 15 km,为韧-脆性壳型断裂,具多期活动特征,是一条地震活动带,2001 年昆仑山口 8.1 级地震带分布于该断裂带中。该断裂昌马河一带破碎带宽约 2000 m,由多条断层组成,沿断带水系发育,断裂横切冲沟、切错山前第四系,形成线性陡坎,多处水系发生明显错动(图 4-34)。

图 4-34 玛多-甘德断裂影像特征(GF-1)

断层两侧地层的岩石组合、沉积构造和变质变形特点截然不同。在断层北侧发育一组较为透入的破劈理，构成宽200～600 m的强变形带，其间隔的劈理化带分布，强劈理化带中砂岩和灰岩中发育各种不对称褶皱、尖棱状褶皱、顶厚褶皱和平卧褶皱。褶皱的轴面产状尤其是平卧褶皱、同斜褶皱的轴面产状与片理面的产状非常一致，并使砂岩和薄层灰岩透镜化、石香肠化。断层南侧的巴颜喀拉山群含砾粗砂岩、粗粒岩屑砂岩层中发育明显的正粒序层理，底层面具清晰的槽模构造，并见明显的重荷模。细粒长石砂岩层中发育密集的交错层理，构成典型的鲍马序列abc段。沿断层宽50～80 m的断层破碎带醒目，两侧岩层中均有宽3～5 m的次级断层破碎带，呈褐黄色，断面北—北西倾，倾角30°～60°。

### 3. 昆仑山口-江措断裂

昆仑山口-江措断裂西起鄂陵湖和勒达果，沿巴彦河前、黑河北山至同布岗一线，整体沿北西西—北西向延伸，全长约140 km，东端被黄河河谷掩盖。断面北东倾，倾角30°～65°，性质为逆断层，断层破碎带宽50～100 m，带内断层角砾岩、碎裂岩、断层泥、擦痕等，石英脉极发育，附近岩层产状不协调，有现代地震发生，并形成斜列状的地震坑。

遥感影像显示：本次强震的整个地震序列跟昆仑山口-江措断裂东段距离最近，距离玛多"5·22" $M_S$7.4地震震中约2.0 km，而且二者在空间展布上具有一定的重合度。遥感解译发现昆仑山口-江措断裂线性特征十分明显，整体沿北西西—北西向延伸，西端与昆仑山口断裂相接，东端被黄河河谷掩盖，于优云乡北部与玛多-甘德断裂相接，全长约370 km。断裂横切冲沟、切错山前第四系，形成线性陡坎，多处水系发生明显错动，具有明显的羽列式特征，体现了走滑断裂带断裂组合的主要形式。野马滩北部地区左旋位错约为170 m，无疑是断层活动性质的表现。湖泊呈线状、长条状分布，黄河河谷的直角拐弯现象等证据，说明该断层在晚更新世时活动仍很明显。

该断裂在野马滩—黄河乡地区被一系列北东向断层所错断（图4-35）。沿北东向断层面存在被断错的新地貌体或地貌面，有规则排列的沼泽等负地形和地下水溢出点，可见水系、冲沟的突然中断、同步扭动、拐弯等水系异常标志。据影像特征推测，该组断层倾向南东，断层上盘（南盘）相对下降，受断层滑动牵引断尾沟、冲沟等同步位错，断层下盘（北盘）斜列式排列的弧形弯曲树枝状水系与之遥相呼应，记载着左旋走滑的历史，推测该断层为倾向南东的正断层，具左旋走滑性质。

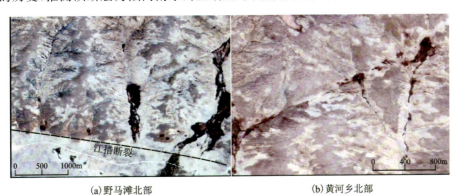

(a) 野马滩北部　　　　　　　　　　(b) 黄河乡北部

图4-35　野马滩地区正断层影像特征（2021年6月5日GF-2图像）

### 4. 麻多-野牛沟断裂

麻多-野牛沟断裂内出露长约60 km，断线走向北西，沿走向两端延伸迹象不明。断面可能北东倾，倾角不明。断层不仅切割下三叠统砂岩组，还控制中更新统冲洪积层及全新统风成砂的展布。北东侧呈垄状、新月状砂丘，一直在活动，南西侧为已固定之风成砂堆积滩地及冲洪积层平地。遥感影像显示沿断层线有断头河、湖泊呈线状排列等现象，受断层滑动牵引断尾沟、冲沟、水系等同步位错（图4-36）。断层可能形成于喜马拉雅期，现今活动十分明显。

图 4-36　麻多-野牛沟断裂影像特征(GF-1)

**5. 巴颜喀拉山前断裂**

巴颜喀拉山前断裂为巴颜喀拉地块可可西里前陆盆地内部重要断裂。断裂西始卡巴纽尔多湖，西段交会于昆仑山口-甘德断裂，东延经曲麻莱县雅拉达泽峰南、红旗乡、巴颜喀拉山主峰，延入四川境内，与四川鲜水河断裂相连，整体走向北西，倾向北东，呈向北东微凸的弧形，省内出露长度约 300 km。地球物理资料反映断裂为一韧脆性壳型断裂，中西段重力特征比较明显。

断层两侧地层均为三叠系巴颜喀拉山群甘德组和清水河组复理石建造，其次为新近系曲果组陆相碎屑岩建造和第四系。断裂两侧发育各种不对称褶皱、尖棱状褶皱、顶厚褶皱和平卧褶皱。断裂带宽 200～300 m，断面北东倾，倾角 45°～70°。其间由碎裂岩、断层泥、砂岩透镜、石英脉等组成，发育石香肠、牵引褶皱、褐铁矿化。沿断层面可见近擦痕线理和显示逆冲断层特征的阶步，显示逆断层特点。遥感影像可见被断错的新地貌体或地貌面，有规则排列的沼泽等负地形。

## 二、技术路线

**1. 遥感数据**

利用震前 2021 年 1—5 月的高分一号卫星(GF-1)、2 米/8 米光学卫星(GF-1B、GF-1C、GF-1D)星座和高分二号卫星(GF-2)等遥感数据 19 景，编制完成地震灾区震前遥感影像，影像覆盖玛多县震中、玛多县县城及周边居民点、道路交通干线等。通过自然资源卫星遥感云服务平台成功获取震后卫星数据 14 景，主要为高分三号卫星(GF-3)、高分二号卫星(GF-2)、高分七号卫星(GF-7)等高分辨率国产卫星数据(表 4-2)。

**2. 技术路线**

利用多源国产卫星数据，从多尺度对地震区地表破裂带进行遥感解译。首先是利用自然资源部国土卫星遥感应用中心推送的多源国产卫星数据，依托青海省自然资源卫星应用技术平台快速处理制作震区震前遥感影像图，采取局部纠正、图像融合与整体镶嵌等办法对数据进行精细化处理，尽量提升数据的可用度，并综合 SAR 遥感影像与光学遥感各自的成像优势，为后续工作的开展做好遥感数据保障；再根据玛多地震震前、震后获取的多期次高分辨率遥感影像对地震造成的地震灾害进行解译，采用震前、震后的多期次遥感图像，通过同一地区地貌、地表覆盖的对比，区分遥感影像的色调、纹理等影像特征，辅以图像拉伸等增强处理和解译人员的专业知识和野外经验，识别、解译地震地表破裂带的位置和边界，获取其空间分布特征，利用 GIS 空间分析技术，提取地震地表破裂带的属性信息。同时，在分析地质构造背景的基础上，从多尺度对玛多"5·22"地震所引发的地震破裂带、道路、桥梁等基础设施损毁情况以及地质环境的调查等方面进行遥感解译,并开展与地震影响、作用相关的研究。

表 4-2  光学卫星数据参数

| | 数据类型 | 时相 | 数量/景 | 空间分辨率/m |
|---|---|---|---|---|
| 震后 | GF-2 | 2021年6月10日 | 4 | 0.8 |
| | GF-2 | 2021年6月5日 | 6 | 0.8 |
| | GF-7 | 2021年6月10日 | 2 | 0.65 |
| | GF-3 | 2021年5月24日 | 2 | 1 |
| 震前 | GF-1 | 2021年1月27日 | 4 | 2 |
| | GF-1C | 2021年2月21日 | 2 | 2 |
| | GF-1D | 2021年3月23日 | 2 | 2 |
| | GF-1D | 2021年4月29日 | 2 | 2 |
| | GF-1D | 2021年5月7日 | 4 | 2 |
| | GF-2 | 2021年1月18日 | 3 | 0.8 |
| | GF-2 | 2021年3月23日 | 2 | 0.8 |

## 三、遥感解译

### 1. 道路损毁

地震区道路损毁主要发生在 G214 国道野马滩一带。距离昆仑山口-江措断裂 1.5～5.0 km。2021年5月24日 GF-3 卫星影像显示,高速公路成像特征表现为低灰度条带状,具有一定的宽度,伴有亮色边缘。在坍塌后的大桥 SAR 图像上表现为与周围规则形状不同,原有的几何结构模糊甚至消失,有几何变形、残缺及块斑等特点;未倒塌部分在 SAR 图像上依然呈现规则的几何形状,反射的高亮区整齐、明显(图 4-37～图 4-39)。遥感监测结果表明,西丽高速共玉段 G214 国道野马滩 1 号大桥受损严重,双向均已坍塌,损毁长度约 488 m、523 m;野马滩 2 号大桥双向损毁长度分别约 864 m、901 m;野马滩 1 号与 2 号桥之间的昌马河大桥双向坍塌,损毁长度分别约 95 m、64 m,旁侧 G214 国道损毁长度 61 m。2021年6月5日 GF-2 卫星影像显示,G214 国道南东侧的临时便道呈明显的灰白色,应是大量车辆通行造成的扬尘所致,表明受损国道的临时便道抢修完成。

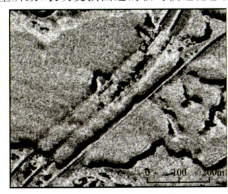   

(a) 2021年5月24日 GF-3 图像    (b) 2021年6月5日 GF-2 图像

图 4-37  野马滩 1 号大桥震后遥感影像对比图

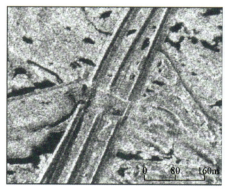 

(a) 2021年5月24日GF-3图像　　　　　　(b) 2021年6月5日GF-2图像

图 4-38　昌马河大桥震后遥感影像对比图

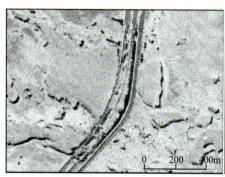 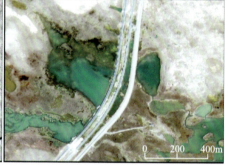

(a) 2021年5月24日GF-3图像　　　　　　(b) 2021年6月5日GF-2图像

图 4-39　野马滩 2 号大桥震后遥感影像对比图

## 2. 地表裂缝

地震区内地表破裂一般认为是地震断层在地表的表现,是地震引起地面的岩土体开裂而形成,在地表脆弱地带挤压和拉张产生广泛分布的地表裂缝、地表鼓包、砂土液化和相对沉降等。本章利用玛多地震震前(GF-1、GF-1B、GF-1C、GF-1D)、震后(GF-2)获取的多期次遥感影像对地震造成的地表破裂开展高分辨率遥感解译。受地表裂缝出露规模的影响,遥感影像表现出两种形式:其一,规模较大,能够直接识别地表裂缝。遥感影像上呈暗色调,应是地形突变所引起的光谱差异所致。形状特征明显,呈线状展布。图 4-40 中地表裂缝通过此处的多条冲沟水系均被同步左旋水平错动,沿裂隙可见明显的断层泉、断错水系、破裂涌水等现象,并显示出断裂活动具有强烈的左行走滑运动性质。其二,规模较小,遥感影像上无法直接识别地表裂缝,仅可见线状或条带状展布断层泉以及沿地表裂缝涌水现象(图 4-41)。因水体反射较强,色调上明显较周围地物浅,影像上呈显著的亮白色调,具有直线型、折线型、曲线型、蠕虫型等影纹特征,主要出露于草原、湿地、冲洪积扇和部分沙丘地区,原因可能是该地区地下水水位较浅,在地震作用下软土发生流变,引起地表开裂滑移形成地表裂缝,浅层的地下水受挤压沿地裂缝上升至地表,形成喷砂冒水及断裂涌水现象。该类地表裂缝是玛多地震区地表破裂的主要表现形式,具有明显的羽列式特征。

遥感影像显示,区内由玛多"5·22"地震引发的地表裂缝约 1086 条,从西至东集中分布于野马滩西北部、野马滩、登曲那拉、黄河乡南部 4 个地区(图 4-42),出露地层为黄河源群($QH$),岩性为第四纪早更新世—全新世湖相沉积,以细砂、黏土、泥质粉砂层等湖相沉积为主,其次为砂砾层。

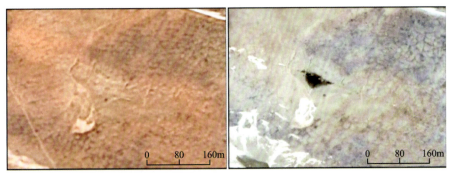

(a) 2021年2月21日GF-1C图像　　　　　　　(b) 2021年6月5日GF-2图像

图 4-40　野马滩地表破裂遥感影像对比图

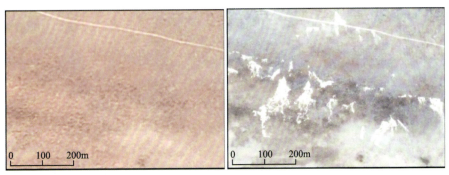

(a) 2021年2月21日GF-1C图像　　　　　　　(b) 2021年6月5日GF-2图像

图 4-41　野马滩西部地表破裂遥感影像对比图

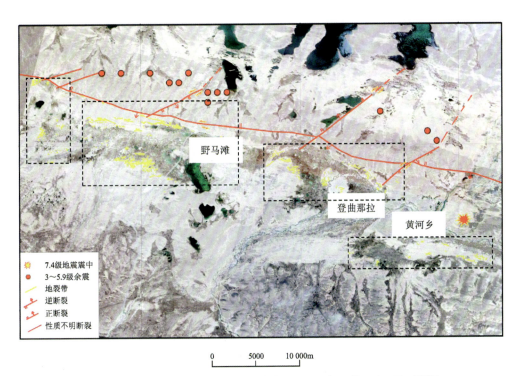

图 4-42　震中附近断层及震后破裂分布图（2021 年 6 月 5 日 GF-2 图像）

野马滩西北部距离昆仑山口-江措断裂0.1～8.0 km。发育地表裂缝约197条，破裂范围约5.34 km×9.30 km，主体方向呈近东西向或北西-南东向分布，由一系列地表裂缝雁行状排列组成，规模较大的长约600 m，总体表现为呈串珠状展布的断层泉及沿破裂带随处可见砂土液化形成的喷砂冒水现象。

野马滩地区的地表裂缝数量更多、规模更大，可见522条。主要分布在草原、湿地、山前冲洪积扇地区。距离昆仑山口-江措断裂0.3～6.8 km，破裂范围约15.35 km×7.38 km，规模较大的长约2.96 km，连续性较好。由一系列地表裂缝和裂陷等雁行状组合而成，部分地表裂缝发生弧形弯曲或弯折展布，地裂缝之间走向有一定距离的重叠，表现为较明显的左行走滑运动性质。按地裂缝走向大致可分为3组，分别为北西-南东向、近南北向和北东向。

登曲那拉地区距离昆仑山口-江措断裂0.1～3.8 km。发育地表破裂带约216条，长度为40～910 m，破裂范围约13.04 km×3.12 km。地表裂缝主要分布于山前冲洪积扇和黄河两岸，均表现为呈串珠状展布的断层泉及沿地表裂缝的裂陷涌水，雁行状排列，展布方向为北西-南东向和北东向。

黄河乡南部距离昆仑山口-江措断裂7.1～10.8 km，破裂范围约13.9 km×1.58 km，地表裂缝数量较少、规模较小，主要可见151条，长度为40～310 m。多分布于黄河南岸，均表现为呈串珠状展布的断层泉及沿地表裂缝的裂陷涌水，展布方向以北西-南东向为主。

**3. 断层泉**

地震区内大量的断层上升泉群呈线性出露，GF-2图像上呈明显的白色斑点及团块（图4-43）。出露地层为黄河源群（$QH$）湖相沉积，以细砂、黏土、泥质粉砂层为主，其次为砂砾层。据不完全统计，断层上升泉数量达1000余处，多沿断层走向展布，泉口涌砂现象普遍。表明玛多地震地表破裂导致多年冻土及松散岩类冻结层下承压水含水层被错开，断层则形成导水通道，冻结层下承压自流水沿断层涌出地表形成断层上升泉。此后，随着储存量的消耗，水头压力逐渐降低，断层上升泉水量亦逐步减少并消失。

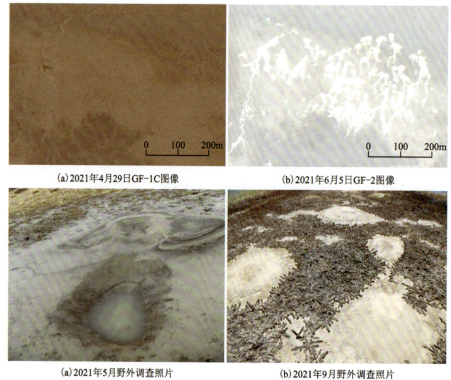

图4-43 断层泉遥感影像对比图及野外验证照片

### 4. 湿地变化

此次地震造成的另一明显影响是野马滩地区热融湖塘增加、局部地面湖水的短期急剧干涸和湿地的水面面积增加。野马滩地区周边出露地层为黄河源群（QH），岩性以细砂、黏土、泥质粉砂层等湖相沉积为主。地下水水位较浅，局部湖泊、热融湖塘及沼泽受地震引发的地表破裂的影响，湖盆区出现拉张扩容，并使其中的厚层松散沉积物产生密集张裂缝带，从而造成含水层结构破坏、地下水流场改变，致使湖水在短期内快速渗漏。同时，随着大量的断层泉和喷砂冒水、断裂涌水的出现，集水范围内的湿地水面面积也急剧增加。图4-44中的湖泊距离昆仑山口-江措断裂约200 m，位于地震地表破裂带中，遥感监测显示西部湖泊彻底干涸，湖底裸露，已分裂为2个面积较小的沼泽湿地；东部沼泽湿地水面面积有所扩大；南部新增1处120 m×50 m的小型湖泊。该地区距离玛多7.4级地震断裂——昆仑山口-江措断裂约850 m，整个区域显示有大量密集的断层泉、地表裂缝和裂陷，并且裂隙延伸长度大。湖泊周边的软弱地层受力拉伸变形导致湖泊下部地层含水层扩容，地表裂缝和裂陷为湖水短期渗漏提供了运移通道，致使地面湖水干涸；新增小型湖泊周边为密集的地表裂缝，断裂涌水明显，受地震活动影响造成地面沉降而形成塌陷坑，汇水范围内的水量增加形成了湖泊。

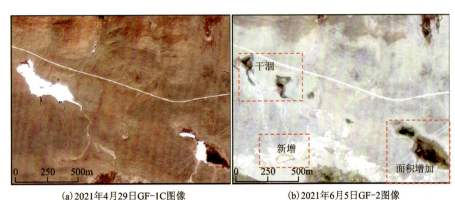

(a) 2021年4月29日GF-1C图像　　　　(b) 2021年6月5日GF-2图像

图4-44　野马滩北部地区湿地变化遥感影像对比图

在野马滩南部河床和湖岸地区（图4-45），为第四纪早更新世—全新世湖相地层，软弱地层的松散沉积物在很大程度上影响着地震灾害的发生、发展。同时，多年冻土区松散岩类冻结层下承压水及河、湖融区下层松散岩类孔隙承压水受地震地表破裂的影响，在水头压力的作用下，沿已有通道涌出地表。在地震力的作用下，区内地表破裂导致地下冰或多年冻土层发生局部融化，地表土层随之沉陷而形成热融沉陷，沿地表破裂带积水后新形成210处热融湖塘，并致使热融湖塘面积快速增加，新增水面面积约5.39 km²。

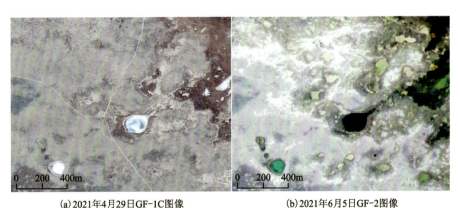

(a) 2021年4月29日GF-1C图像　　　　(b) 2021年6月5日GF-2图像

图4-45　野马滩南部地区热融湖变化遥感影像对比图

## 四、结果与讨论

本节共统计了玛多 $M_S7.4$ 地震区内 1086 条地表裂缝的走向,优势方向有两个:其一为北西 295°;其二为北东 55°(图 4-46)。这两个方向刚好与区内北西向主干断裂和北东向次级断裂延伸方向相吻合。地震引发的地表裂缝在地表的位置与断裂虽不完全重合,但其展布与昆仑山口-江措断裂和北东向次级断裂的延伸方向基本一致,且地表裂缝主要发生于昆仑山口-江措断裂上盘,集中分布于发震断层上盘 10 km 范围之内。表明地震地表破裂分布明显受地震断裂控制(殷跃平等,2010);同时

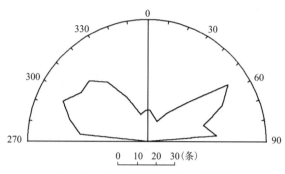

图 4-46 地表破裂带走向玫瑰花图

也证实许多学者提出的地震后地质灾害的断层效应,如玉树地表破裂带和隆宝滩地表破裂带分别沿玉树活动断裂、隆宝滩活动断裂的上盘发育(马寅生等,2010);汶川地震地质灾害在分布上表现尤为明显,不仅表现为发震断层上盘较下盘地质灾害分布密度大、分布范围更广,还表现为上盘地质灾害的规模也远较下盘大(黄润秋等,2009;许冲等,2011)。玛多 $M_S7.4$ 地震区地表裂缝分布特征的统计分析结果显示,地震引发的地表裂缝空间分布呈区域性聚集和由东向西逐步扩展的特征。区内地表裂缝沿昆仑山口-江措断裂走向展布,从东至西集中分布于黄河乡南部、登曲那拉、野马滩、野马滩西北部等地区,影响宽度分别为 1.58 km、3.12 km、7.38 km、9.30 km,且野马滩地区的地表裂缝数量更多、规模更大、活动性更强。表明地震区地裂缝始于黄河乡震中附近,由东向西逐步扩展,在野马滩地区的规模与活动性达到最强,野马滩西北部的影响宽度达到最大。

统计发现,区内地表裂缝、断层泉、道路损毁以及由地表破裂导致的湖泊干涸、热融湖塘增加、湿地变化主要发生于黄河源第四纪早更新世—全新世湖相地层黄河源群($QH$)之中,软弱地层的松散沉积物工程地质条件、抗震性能较差,在很大程度上影响着地震灾害的发生、发展。表明本次地震地表破裂带分布与基础地质背景条件关系密切。

玛多县"5·22"$M_S7.4$ 地震在昆仑山口-江措断裂和北东向次级断裂的影响下,形成了由不同走向、不同滑动性质的地表破裂组合而成的地震地表破裂带,带内发育数量众多的地表裂缝和裂陷,为地下水含水层结构破坏、地下水流场改变提供了运移通道和来源;同时,地震震动也触发了黄河乡地区的多年冻土层局部融化,形成了构造融区,地表土层随之沉陷而成热融沉陷,沿地表破裂带出现大量的断层泉和喷砂冒水、断裂涌水,积水后形成新的热融湖塘,导致湿地面积的增加,改变了局部地区的生态景观格局。

## 五、结论

本节基于国产卫星数据和前人的研究成果,对青海省玛多县 $M_S7.4$ 地震地表破裂带遥感特征作了概要分析,初步确定了地震地表破裂展布范围及其特征。研究结果表明:

(1)青海省玛多县 $M_S7.4$ 地震地表破裂带主要表现为地表裂缝、断层泉、道路损毁以及由地表破裂导致的湖泊干涸、热融湖塘增加、湿地变化等;遥感解译显示,区内由地震引发的地表裂缝约 1086 条,断

层上升泉数量达1000余处,沿地表破裂带积水后新形成210处热融湖塘,并致使热融湖塘面积快速增加,新增水面面积约5.39 km²。

(2)昆仑山口-江措断裂在野马滩—黄河乡地区被一系列北东向断层所错断,地表裂缝的走向统计显示,地表破裂明显受控于昆仑山口-江措断裂及其北东向次级断裂。

(3)地震后地质灾害的断层效应明显。区内地表裂缝、断层泉、道路损毁、热融湖塘增加以及湿地变化多发生于昆仑山口-江措断裂上盘10 km范围之内。

(4)地表破裂带分布与基础地质背景有关。地表裂缝、道路损毁、热融湖塘增加以及湿地变化主要发生于黄河源第四纪早更新世—全新世湖相地层,软弱地层的松散沉积物在很大程度上影响着地震灾害的发生、发展。

(5)地表裂缝空间分布表现为区域性聚集和由东向西逐步扩展的特征。在野马滩地区地震规模与活动性达到最强,野马滩西北部,地震影响宽度达到最大值。

(6)地震地表破裂引发了大量的地表裂缝、断裂涌水、断层泉以及热融沉陷,改变了地下水流场,并造成了地下含水层结构破坏或多年冻土层局部融化,从而导致区内热融湖塘数量和水面面积的增加。

## 第三节 2022年门源地震形变监测

中国地震台网测定,北京时间2022年1月8日凌晨1时45分在青海海北州门源县发生6.9级地震,震中位置为101.26°E,37.77°N,震中海拔在3800～3900 m;随后,该区又相继发生多次余震。地震造成邻近的甘肃张掖市、金昌市、武威市、兰州市等地震感明显,震中最高地震烈度为Ⅸ度;震中位置人烟稀少,所幸未造成大的人员伤亡,但震中部分地区地表破坏严重,也导致区域交通运行受阻。为进一步掌握2022年1月8日门源地震所引发的形变状况,本次研究首先采用InSAR技术获取门源地震的同震地表形变场,并利用震后高分辨率无人机影像进行精细化解译,以获取局部更为翔实的地表破坏情况;为探查在地震前后震区是否有明显的形变迹象,获取了该地区震前、震后共一年的时序变化结果;之后在InSAR数据约束下反演了门源地震震源参数。

### 一、区域地质背景

此次地震是继1986年门源6.5级地震和2016年门源6.4级地震之后的又一次破坏性地震,地震影响波及青海、甘肃两省;在地理位置上,震中距离门源县城54 km,距离西宁市136 km。2022年门源6.9级地震所在的祁连-柴达木地块被东昆仑(南边界)、阿尔金(北西边界)、祁连-海原(南东边界)3条大型断裂所围限,是青藏高原的次一级构造单元,也是我国现今地震活动最为强烈的地区之一。并且此次地震靠近冷龙岭断裂带,冷龙岭断裂带位于青藏高原东北缘巨型弧形构造带的前缘地带,沿东祁连山山脉分水岭分布,在青藏高原东北缘的构造变形中起着重要的转换调节作用,该断裂带传统上被认为是祁连-海原断裂带的重要分段,冷龙岭西端与托莱山断裂相连(图4-47)。该区域在北东向构造应力作用下,发生了北东向的挤压缩短、顺时针旋转和向南东东方向的挤出构造变形(李智敏等,2022)。

图 4-47　门源地震构造背景图(五角星为震中位置)

## 二、门源地震形变场分析

### 1. 技术路线

用 SAR 卫星数据作为探测地表形变信息的数据源,通过二次差分来去除参考面相位(平地效应)和地形因素的干扰,从而得到形变信息,之后对得到的干涉图进行相位解缠,获得绝对相位差,从而了解地表形变量(图 4-48)。

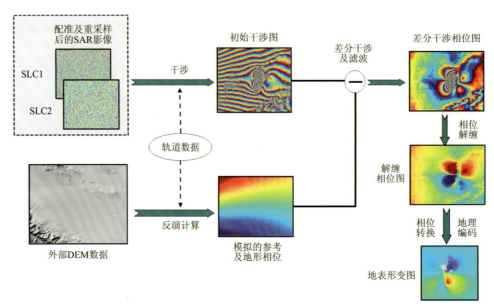

图 4-48　两轨法 DInSAR 解算流程

### 2. 监测区域数据情况

本次对门源地震的研究使用了覆盖震区的 30 景 Sentinel-1A 降轨影像,时间范围是 2021 年 3 月 16

日至2022年3月11日,包含6景地震后数据,时间跨度360天,每两幅影像时间间隔为12天,短时间基线会使相干性更高,有利于形变信息的提取,主要信息如表4-3所示。其中,2021年12月29日和2022年1月10日(地震前后)的数据也会用DInSAR技术处理。数据处理过程中使用欧洲空间局精密轨道数据进行轨道信息纠正,同时采用SRTM 30米分辨率DEM以减弱地形相位的影响。

表4-3 Sentinel-1A 降轨影像信息

| 日期 | 轨道方向 | 日期 | 轨道方向 | 日期 | 轨道方向 | 日期 | 轨道方向 |
| --- | --- | --- | --- | --- | --- | --- | --- |
| 2021年3月16日 | 降 | 2021年6月20日 | 降 | 2021年9月24日 | 降 | 2022年1月10日 | 降 |
| 2021年3月28日 | 降 | 2021年7月2日 | 降 | 2021年10月6日 | 降 | 2022年1月22日 | 降 |
| 2021年4月9日 | 降 | 2021年7月14日 | 降 | 2021年10月18日 | 降 | 2022年2月3日 | 降 |
| 2021年4月21日 | 降 | 2021年7月26日 | 降 | 2021年10月30日 | 降 | 2022年2月15日 | 降 |
| 2021年5月3日 | 降 | 2021年8月7日 | 降 | 2021年11月23日 | 降 | 2022年2月27日 | 降 |
| 2021年5月15日 | 降 | 2021年8月19日 | 降 | 2021年12月5日 | 降 | 2022年3月11日 | 降 |
| 2021年5月27日 | 降 | 2021年8月31日 | 降 | 2021年12月17日 | 降 | | |
| 2021年6月8日 | 降 | 2021年9月12日 | 降 | 2021年12月29日 | 降 | | |

此外,本次研究采用高分辨率无人机获取了2022年1月8日门源地震后的1景影像,面积约为$6 \times 10^4$ km²,基于高分辨率光学影像图进行震后的精细化解译,以获取更准确的破裂带和破坏现象的空间分布情况。

**3. DInSAR 地震形变场**

基于2021年12月29日和2022年1月10日2景Sentinel-1A降轨影像,利用DInSAR技术获取了门源地震形变场,结果如图4-49所示,所得结果是基于卫星视线方向(light of sight,LOS),正值表示贴近雷达卫星传感器拍摄方向的形变(可视为抬升形变),负值表示远离雷达卫星传感器拍摄方向的形变(可视为沉降形变),形变量为−0.51~0.58 m。

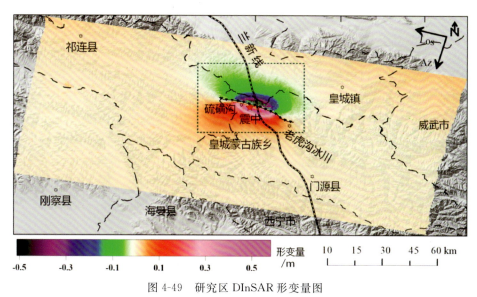

图4-49 研究区DInSAR形变量图

[黑色虚线框为地震形变区,五角星为震中位置(东经101.26°,北纬37.77°),灰黑色虚线为行政边界,黑色三角实线为破裂带]

地震造成的主要形变范围为 54 km×43 km(黑色虚线框),波及青海省和甘肃省两地,震中位于硫磺沟附近,测得的最大形变量约 0.6 m,由于震中地表破坏致使失相干严重,因此震中实际形变量应更大。观察形变场发现,震中沿一条线(图 4-49 中黑色三角实线)将形变场分割为南、北两部分,这表明地震应导致地表产生了明显的破裂带,长度应大于 20 km,且破裂带附近的形变值显著大于远离破裂带的区域;南、北盘运动状态相反,这一现象表明地震引起的地表形变主要是水平运动,符合走滑断层地震的运动特征,可以认为此次地震具有较大的走滑分量,且发震断层呈北西西-南东东走向的左旋走滑特征。

**4. 无人机影像解译结果**

结合形变场数据,对地震区域基于高分辨率无人机影像进行进一步详细解译,在影像上发现显著且连续的地表破裂带和地表破坏现象,如图 4-50 所示,同震地表破裂带贯穿整个影像区域。将无人机影像范围叠加至 InSAR 形变场,如图 4-51(a)中黄色矩形框所示,此次无人机航拍范围约 6.8 km×1.4 km,勘察区域以形变场南、北盘分界处为主,因此,视线方向形变量基本都大于 0.5 m。

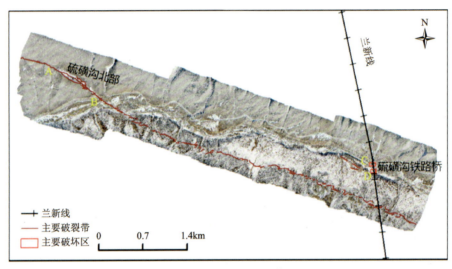

图 4-50 震区无人机影像图

门源地震虽未造成人员伤亡,但在无人机影像上发现此次地震对兰新线硫磺沟段的地表、铁路桥、隧道等造成严重破坏,特别是硫磺沟段铁路桥发生强烈变形。在影像上将地表破裂带和破坏区域较为明显处用 A、B、C、D 标记,发现这几处标记位置与 InSAR 形变场指出的破裂带位置[图 4-51(a)中黑色三角实线]较为一致,即无人机影像解译所得破裂带与 InSAR 形变场指出的破裂带位置十分吻合;在影像上地表破裂带主要由一系列裂隙、挤压隆起(或鼓包)等走滑型地震常见的破裂构造组成,图 4-51(b)(c)所示为硫磺沟北部 A、B 处无人机影像放大图,地表呈现出明显的地表裂隙,且地表公路也遭到破坏,裂隙缝较宽处可达 1.0~1.4 m;位于 C 处的兰新线硫磺沟铁路桥遭到破坏导致部分桥面严重变形,发生东西向约 0.5 m 的错位[图 4-51(d)];D 处为靠近南隧道口的硫磺沟铁路桥,桥面及地面都有破裂现象[图 4-51(e)]。表明 2021 年门源 6.9 地震产生了明显的同震地表破裂带,总体呈北西西-南东东走向,在硫磺沟内地表破裂带直接兰新高铁大梁隧道,造成隧道严重破坏,同时,地震也造成了跨硫磺沟铁路桥梁发生强烈变形,受损严重。

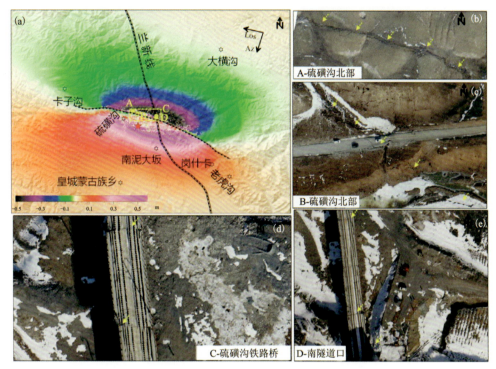

图 4-51 震区形变场及地表破坏示意图

(黑色三角实线为根据形变场指出的破裂带,黄色箭头为地表破坏明显的位置)

### 5. Stacking 时序 InSAR 提取同震形变场

为深入了解震前、震后活动状况,获取 2021 年 3 月 16 日至 2022 年 3 月 11 日期间以 12 天为间隔的时序形变场(图 4-52),该结果基于卫星视线方向,正值表示贴近雷达卫星传感器拍摄方向的形变,负值表示远离雷达卫星传感器拍摄方向的形变。

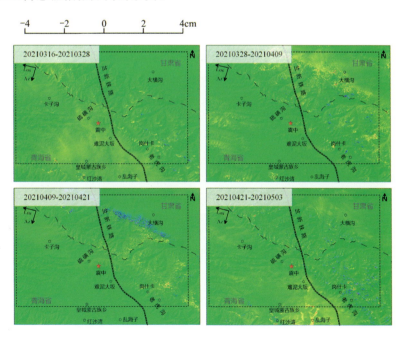

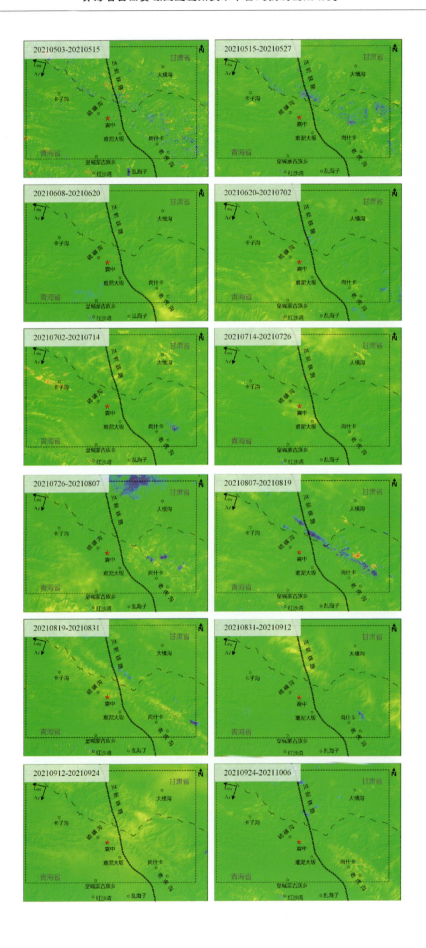

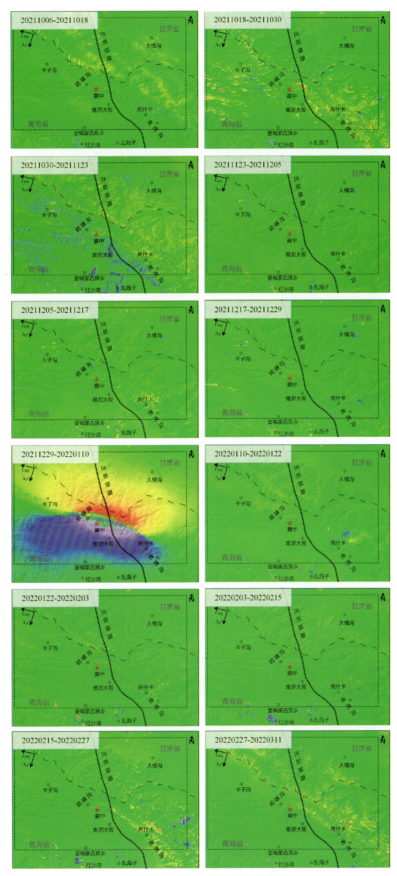

图 4-52 门源地震震区形变时序图

时序结果详细展示了2021年3月16日至2022年3月11日期间震区地表形变变化。从形变监测结果来看，门源震区局部区域在此期间存在缓慢形变，如岗什卡、老虎沟、卡子沟以及兰新线沿线部分地区等，根据区域地质资料，发现形变区多被冰川冻土所覆盖，因此局部的形变很可能是由冰川冻土造成的；从整体看，地震前后一年来整个震区并未有显著的、大范围的大形变发生。进一步分别获取地震前后年均形变速率，并将其转换至垂直向，如图4-53所示，震前、震后形变速率不超过0.5 m/y。

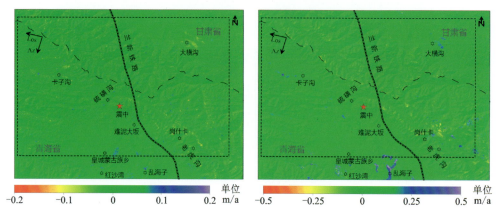

图4-53　地震前、地震后垂向年均形变速率图

## 三、地震震源参数反演

本次地震震源参数反演采用Okada弹性半空间位错理论模型，结合非线性贝叶斯反演算法，以DInSAR获取的门源地震形变场为约束，确定了2022年门源地震震源参数，所得参数如表4-4所示。由表4-4可知，断层中心投影至地表的平面坐标相距设置的坐标原点(101.50°E, 37.95°N)约为20.59 km（西）、18.62 km（南），所得断层中心平面投影位置与震中位置(101.26°E, 37.77°N)较为接近，断层深度约4.42 km，沿走向长约21.91 km，沿倾向宽约1.22 km，走向与北方向的夹角约为109.41°，断层倾角约82.33°，沿走向的滑动分量约10.00 m，倾向的滑动分量约2.19 m，本次地震是左旋走滑地震，且属于高倾角走滑型地震。

表4-4　门源地震震源参数

| 模型参数 | 最优估值 |
| --- | --- |
| X/m | −20 589.60 |
| Y/m | −18 623.90 |
| 深度/m | 4 415.03 |
| 走向长/m | 21 908.40 |
| 倾向宽/m | 1 219.62 |
| 走向/° | 109.41 |
| 倾角/° | 82.33 |
| 走滑分量/m | 10.00 |
| 倾滑分量/m | 2.19 |

为验证震源参数的可靠性,利用最优参数组合正演模拟形变场,并与 InSAR 观测结果做残差比较,其中,图 4-54(a) 表示观测形变,图 4-54(b) 表示模拟形变,图 4-54(c) 表示观测形变与模拟形变之间的残差。对比观测形变与模拟形变,二者空间分布基本一致,形状相似,较大残差分布于断裂带两侧,主要是由内插值错误以及无效形变测量值造成的,总体残差较小,表明反演所得震源参数结果较为可靠。

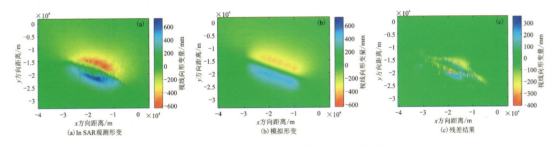

图 4-54　2022 年门源地震同震地表形变场

## 四、发震构造探讨

对照本次地震形变场,同一轨道形变场的上、下盘呈现相反的运动状态,这一现象表明地震引起的地表形变主要是水平运动,符合走滑断层地震的运动特征,且发震断层呈北西西-南东东走向(图 4-55);并且结合一些学者从动力学角度出发对 2022 年门源地震的研究,发现冷龙岭断裂是青藏高原北东向挤压扩展应力转化为南东向迁移和逃逸的核心区域,这种应力方向转变导致冷龙岭断裂发生强烈左旋走滑作用,也导致 2022 年门源 6.9 级地震的发生,也说明本次地震是断裂运动的一次外在表现形式,而且 2016 年门源地震对 2022 年门源地震的发生有一定的促进作用。

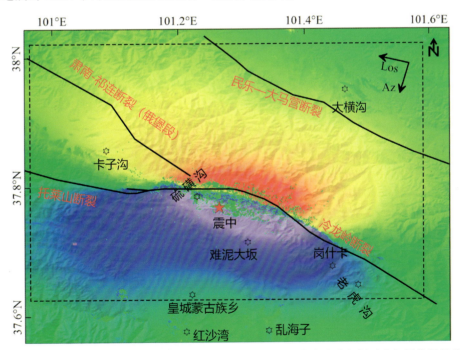

图 4-55　地震形变场叠加断裂带图(黄色框为无人机影像范围,蓝色实线为根据无人机影像所得破裂带)

根据对冷龙岭断裂带周边历史地震的统计,发现自 21 世纪以来,在此次地震震中 100 km 范围内发生过 13 次 5.0 级及以上的中强地震,本次地震震中周边 200 km 内,近 5 年来共发生过至少 18 次 3.0

级以上地震,并且2016年在冷龙岭断裂中段发生的门源地震达到6.4级,2022年发生在冷龙岭断裂西段附近的门源地震达到6.9级,前者为纯逆冲型地震,后者为左旋走滑型地震,同一条断裂6年间2次发生中强地震,且表现出不同的发震机制,说明冷龙岭断裂带内部不同区段构造较为复杂,未来可能依旧是强震孕育风险区,需要加强关注。

## 五、总结

本研究基于 Sentinel-1A 降轨数据,获取了2022年1月8日门源6.9级地震同震形变场,经反演确定了此次地震发震断层参数,最后探讨了地震发震构造。得出结论如下:

(1)利用 DInSAR 技术获取地震同震形变场,发现数据相干性良好,震区出现北西西-南东东走向的破裂带,且上、下盘运动方向相反,符合走滑特征。

(2)基于无人机影像解译,获取更准确的破裂带位置及地表破坏区域,发现地表破裂带贯穿整个区域,并且硫磺沟铁路桥发生严重变形。

(3)基于 Stacking 时序 InSAR 技术提取地震前后共1年的时序形变场,发现地震前后长期内并未有大范围的显著形变发生。

(4)以 DInSAR 形变场为约束,基于弹性半空间位错模型反演了震源参数,沿走向的滑动分量约10.00 m,倾向的滑动分量约2.19 m,断层倾角约82.33°,属于高倾角走滑型地震,也为发震机制等地震学研究提供了关键信息。

(5)本次地震是断裂运动的一次外在表现形式,冷龙岭断裂带内部不同区段构造较为复杂,未来可能依旧是强震孕育风险区。

## 第四节 同仁市滑坡早期识别

青海省地质灾害主要发育在山间谷地,具有点多面广的特点,面对严峻复杂的地质灾害防治形势,青海省先后开展了系统全面的地质灾害详细调查和多轮次拉网式、地毯式隐患排查,每年汛期不断巡查,并在此基础上建立了较为完善的群测群防体系,但近年来发生的很多地质灾害事件中有部分并不在已发现的隐患范围内,这说明还有很多已存在的地质灾害隐患没有完全排查出来,对于地处高位、隐蔽性强、变形缓慢的灾害隐患,传统的人工排查手段已显无力。当前防范地质灾害的核心需求是要搞清楚"隐患点在哪里""什么时候可能发生",为此,如何突破传统人工调查和排查的局限,快速、有效地识别地质灾害隐患是青海省地质灾害调查监测工作急需解决的问题。常规的形变监测手段适用于小范围监测,不利于大规模应用。相比于地面传统测量技术以及机载星载光学遥感,星载雷达遥感受天气影响小、覆盖范围大、测量精度高,对潜在滑坡识别、滑坡形变监测以及灾害预警具较大优势(郭华东,2000;廖明生等,2017;郭华东,2019)。星载合成孔径雷达干涉测量 InSAR(SAR Interferometry)技术能够准确提取地球表面微小形变信息,测量精度可达到厘米级甚至毫米级(廖明生和林珲,2003),在滑坡地质灾害监测中得到了广泛应用(廖明生等,2017;张路等,2018;史绪国等,2019;王振林等,2019)。通过长时间序列 SAR 数据可对一些地质灾害频发区或其他重要区域进行长期持续的形变观测,并对某些关键点变形的时间序列进行分析,判定相关区域当前所处的变形阶段,评估其危险性和风险。

## 一、研究区概况

同仁市归青海省黄南藏族自治州管辖,位于青海省东南部、黄南州东北部,市域东西宽 75 km,南北长 85 km,总面积 3275 km²,地理坐标为东经 101°38′—102°27′,北纬 35°01′—35°47′。研究区地处青藏高原与黄土高原相接的过渡地带,位于西倾山北麓,境内山峦起伏,河谷相间,地势南高北低,高差悬殊,隆务河纵贯全境南北,形成东—西部山区和中部河谷的两峡—谷地地形特征(图 4-56)。该区属典型的高原温带半干旱气候区,具寒冷干燥,日照充足,日、年温差大,降水集中等特点,年内降水分配极不均匀,多集中在每年 5—9 月,降水量占年降水总量的 75% 以上,其中以 7、8、9 月份降水最多,占全年降水量的 52%,且降水量随地势增高垂直分带性明显。区内已造就的现代地形其发展演变过程是由地球内、外力共同作用的结果,地形破碎、坡陡沟深、沟壑纵横、地表裸露,地质环境较为脆弱,引发的环境地质问题主要有滑坡、崩塌、泥石流等地质现象以及修建道路引起的边坡失稳等。

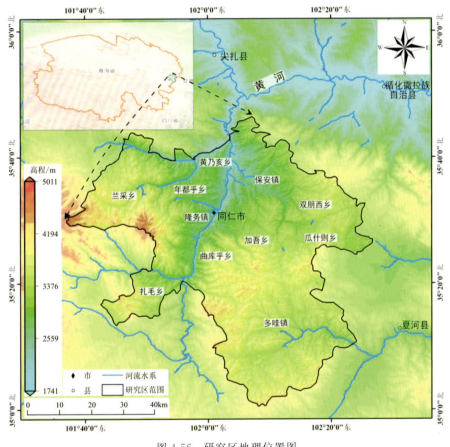

图 4-56 研究区地理位置图

## 二、技术路线

本次研究针对区内的滑坡及潜在滑坡,采用基于 Sentinel-1A 升降轨数据的 SBAS-InSAR 形变信息提取方法进行地质灾害隐患的早期识别。首先,对覆盖研究区的总计 97 景升降轨数据进行 SBAS-

InSAR 技术处理，包括连接图生成、差分干涉、相位解缠、轨道精炼与重去平、SBAS 反演、地理编码等一系列工作流程，获取区域平均形变速率、时间序列形变量等地表形变信息；其次，在 SBAS-InSAR 反演的地表形变信息基础上，结合研究区地形地貌、地质构造、气象水文、地表覆盖、历史地灾等地理背景资料和 GF-2 光学影像开展滑坡灾害隐患早期识别，获取潜在的滑坡灾害隐患点；最后，对识别出的典型滑坡隐患从地表形变的时空分布、光学影像特征、实地变形特征等方面进行特征分析（图 4-57）。

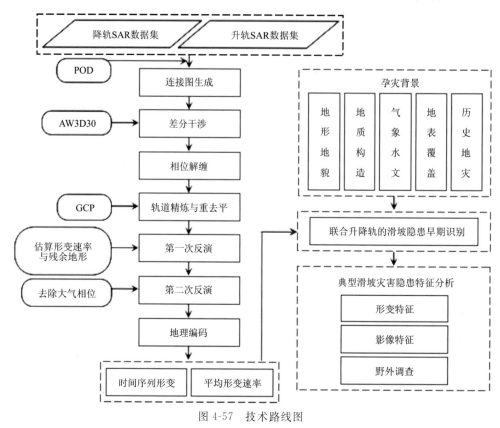

图 4-57　技术路线图

**1. 数据源**

本次研究选用 Sentinel-1A 升降轨卫星数据作为主要数据源。Sentinel-1A 卫星是欧洲航天局"哥白尼计划"发射的首颗对地观测雷达卫星，该卫星使用近极地太阳同步轨道，轨道的高度 693 km，倾角 98.18°，周期为 99 min，能对同一区域实现 12 d 重访周期观测，搭载 C 波段 SAR 传感器，具有条带模式（SM）、超宽幅模式（EW）、宽幅模式（IW）、波模式（WV）等多种成像模式，记录地物的单极化、双极化特征，可生成地距影像（Ground Range Detected，GRD）、单视复数影像（Single Look Complex，SLC）、Level-2 级海洋（Ocean，OCN））数据产品。研究中选用了覆盖研究区的 52 景升轨影像和 45 景降轨影像，时间跨度为 2019 年 1 月—2020 年 10 月，所选数据为 VV 极化，辐射精度为 1 dB，宽干涉（IW）成像模式。研究所用升降轨数据主要参数见表 4-5，数据覆盖情况如图 4-58 所示。

除 Sentinel-1A 数据以外，研究中还采用了"ALOS World 3D-30 m"作为外部 DEM 数据，用于模拟和消除干涉测量过程中的地形相位，降低地形误差。AW3D30 数据是基于 ALOS 卫星搭载的 PRISM 立体相机生产的 DSM（数字表面模型），它的高程精度优于 5 m，水平分辨率约 50 m；同时还采用了 POD Precise Orbit Ephemerides（POD 精密定轨星历数据）作为轨道数据对轨道信息进行修正，从而消除因轨道误差而产生的系统性误差。

表 4-5  Sentinel-1A 升降轨数据主要参数

| 参数项 | 参数 | |
|---|---|---|
| 获取卫星 | Sentinel-1A | |
| 极化方式 | VV | |
| 成像模式 | IW | |
| 波长 | 5.6 cm | |
| 时间间隔 | ≥12 d | |
| 轨道方向 | 升轨 | 降轨 |
| 轨道号 | 128 | 135 |
| 图幅号 | 114、109 | 473、478 |
| 距离向分辨率/m | 4.29 | 3.86 |
| 方位向分辨率/m | 13.94 | 13.91 |
| 影像数量/景 | 52 | 45 |

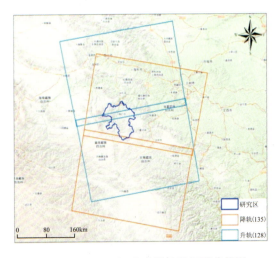

图 4-58  Sentinel-1A 升降轨数据覆盖范围

## 2. 连接图生成

SBAS-InSAR 方法依据集合间 SAR 影像基线较大、集合内基线较小的原则,生成若干个小基线集,形变反演的精度随着空间基线的减少而提高。首先要对输入的数据进行干涉像对的配对。为了减少处理过程中的数据冗余,提高干涉像对的质量,获取更高精度的形变反演结果,本次研究将 52 景升轨数据设置最大时间基线为 60 d,以 20190310 作为超级主影像,并对所有影像进行 10∶2 多视处理,增加干涉图的信噪比,最后得到 183 组有效干涉对。影像配对情况良好,单幅影像配对最多为 10 对,最少为 4 对,平均单幅影像连接 7.4 个像对。183 组升轨干涉组合的最短时间基线 12 d,最大为 60 d,平均时间基线 33 d,平均绝对空间基线为 61 m,最小绝对空间基线为 1.766 m,最大为 170.083 m,允许的最大多普勒差为 4 864.86 Hz;对 46 景降轨数据设置最大时间基线 48 d,以 20200128 为超级主影像,通过参数设置及经验分析,剔除质量差的干涉对,最后得到 105 组有效干涉对。单幅影像配对最多为 8 对,最少为 2 对,平均单幅影像连接 4.7 对,整体配对情况良好。105 对干涉组合的最短时间基线 12 d,最大为 48 d,平均时间基线 27 d,平均绝对空间基线为 55 m,最小绝对空间基线为 4.64 m,最大为 167.125 m,允许的最大多普勒差为 4 864.86 Hz。升降轨数据干涉组合配对的时空基线情况如图 4-59 所示,其中黄点表示超级主影像,红点表示其他影像。

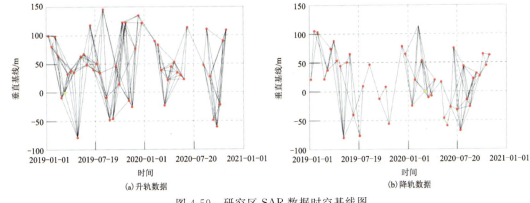

图 4-59  研究区 SAR 数据时空基线图

### 3. 滤波与干涉处理

差分干涉流的处理是 SBAS-InSAR 技术的处理核心,整个过程包括复数图像的配准、生成干涉图、去平地效应、相位滤波、生成相干性图以及相位解缠等。

首先升降轨数据均设置多视比为 10∶2,多视处理能够有效的提高信噪比,抑制斑点噪声,降低 SAR 数据的方位向与距离向分辨率之间的差异。同时,采用 Goldstein 滤波方法进行滤波处理,这种滤波方法的优点主要是能够提高干涉条纹的清晰度和减少时空基线引起的失相干,从而提高差分干涉处理的稳定性和可靠性(图 4-60、图 4-61)。

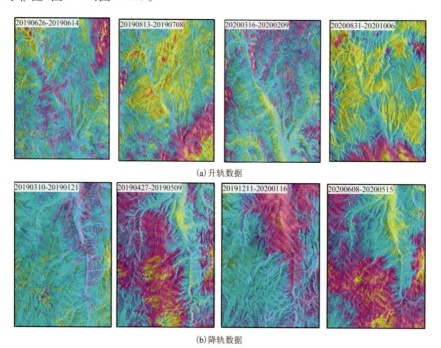

图 4-60 研究区升降轨数据局部时序差分干涉效果图

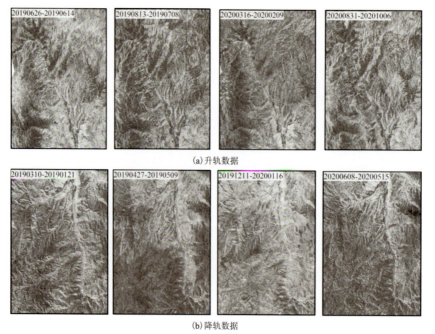

图 4-61 研究区升降轨数据局部时序相干系数图

### 4. 相位解缠

相位解缠处理使用了 Delaunay MCF 方法，该方法能够兼顾处理效率和解缠精度，实现大范围的全局最优解缠结果。相位解缠的精度受研究区内地表状况和干涉相对本身的数据质量等因素影响，处理过程中基于各个像对的相干性和解缠结果对相干性低或存在明显大气相位的像对进行了移除，其中升轨数据移除 18 组干涉对，降轨数据移除 35 组干涉对（图 4-62）。

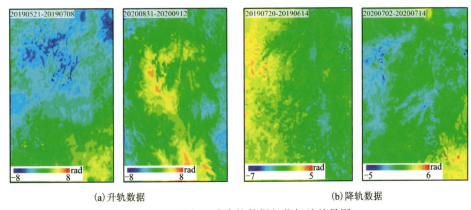

(a) 升轨数据　　　　　　　　　　　(b) 降轨数据

图 4-62　研究区升降轨数据相位解缠效果图

### 5. 轨道精炼与重去平

为了进行残余相位（包括残余恒定相位和相位坡道等）的估算和去除，主要是通过选取地面控制点（GCP）实现干涉结果的轨道精炼与重去平。GCP 的选择原则是位于非地表形变区，无残余相位以及无相位跃变。控制点的选择具有较强的主观性，本次研究主要是利用相位解缠图和相干性图辅助完成 GCP 点的选取，选择的控制点均匀分布在研究区高相干区域。

### 6. SBAS 反演

第一次反演是在忽略大气效应的基础上进行地表形变速率和高程改正数估算，同时通过二次解缠进行干涉图优化。第二次反演是使用定制滤波去除低频形变信息、高程误差以及大气误差，得到最终的时间序列位移结果。

### 7. 地理编码

经过 SBAS 反演后得到的是 SAR 坐标系下地表形变信息，将 SAR 坐标系转换为地理坐标系，即为 SAR 数据的地理编码。在这一步骤中通过地理编码设置形变速率精度和高程精度的阈值，对反演精度较差区域进行掩膜处理，能够有效地消除形变反演结果中的畸变和失真现象，得到最终高精度的形变监测结果。

从升轨数据形变反演结果中可以看出（图 4-63），在 2019 年 1 月至 2020 年 10 月的监测周期内，区内大部分区域处于稳定状态，远离卫星视线方向的最大累积形变量为 130 mm，靠近卫星视线方向的最大累积形变量为 56 mm，平均累积形变量为 5 mm。强形变区域多分布于隆务河西岸的陡峭斜坡上，主要集中在黄乃亥乡、隆务镇、曲库乎乡、兰采乡和扎毛乡。

从升轨数据 SBAS 反演结果中识别出 8 个形变特征点，对 A01～A08 形变点进行监测时段内的时间序列特征分析，以 2019 年 1 月 9 日为基准（形变量为 0），形变量随时间的变化而不断加大。不同特征点均表现为随着时间的变化其累积形变量不断增加。从量级上看，监测时段内 A01 与 A02 的累积形变

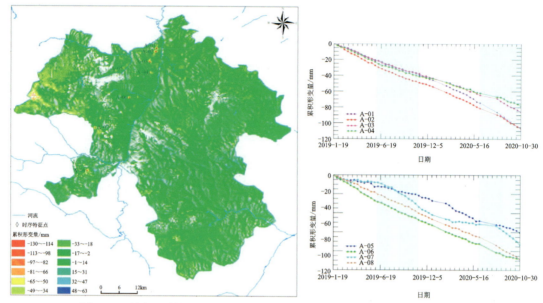

图 4-63　研究区升轨方向累积形变量反演结果及形变特征点时间序列曲线图

量最大,为 105 mm。时间序列曲线图中浅蓝色部分对应的时间点为每年的 6 月至 10 月,根据研究区降雨时间分布特征,研究区内降雨主要集中于夏季,在 2020 年夏季阶段,形变呈明显加速趋势。

基于降轨数据的 SBAS 反演结果显示(图 4-64),研究区在监测周期内远离卫星视线方向的最大累积形变量为 95 mm,靠近卫星视线方向的最大累积形变量为 73 mm,平均累积形变量为 1 mm。共识别出 11 个形变特征点,全部特征点均呈持续变形的趋势,不同特征点的累积形变量级与形变特征存在差异,D-08 的累积形变最大,为 85 mm;D-06、D-07、D-10、D-11 四个特征点的累积形变量较小,且变化相对较缓。时间序列曲线中橙色部分代表每年的 6 月至 10 月,该段时间为研究区的雨季,受降雨的影响,对应特征点出现形变加速或波动的现象,此外,D-10 和 D-11 在 2020 年 3 月出现波动可能是受冰雪消融的影响。

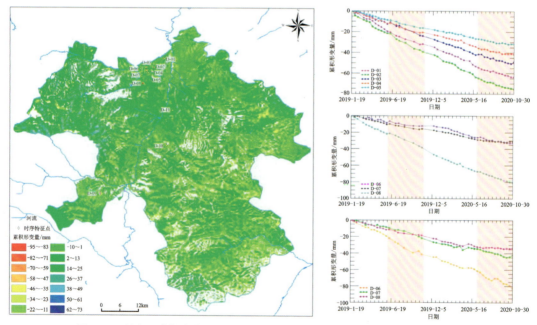

图 4-64　研究区降轨方向累积形变量反演结果及形变特征点时间序列曲线图

## 三、滑坡隐患早期识别

通过时序 SBAS-InSAR 技术获取的研究区地表形变结果是进行滑坡隐患早期识别的重要依据,在区域形变速率、累计形变量分析的基础上,以形变特征点的形变数量级、坡体是否具有孕灾条件、形变速率是否突变、是否对居民点造成威胁等综合因素为参考,结合高分辨率卫星影像进行筛查,剔除明显受地形或大气影响、不满足滑坡发育条件、长时间处于冰雪覆盖、农田耕作区等形变特征区域(点),本次研究在区内共识别出 19 个滑坡隐患点,其中升轨数据中有 8 个,降轨数据中有 11 个。滑坡隐患早期识别详情见表 4-6。

**表 4-6 基于升降轨数据的滑坡隐患点早期识别详情表**

| 序号 | 识别轨道 | 隐患点号 | 强变形范围/m | 所属乡镇 | 最大形变速率/(mm·a$^{-1}$) | 平均坡度/% | 强形变区高程/m | 植被覆盖度 | 威胁对象 | 风险等级 |
|---|---|---|---|---|---|---|---|---|---|---|
| 1 | 升轨 | A-01 | 880×600 | 黄乃亥乡 | −57 | 43.4 | 2470～2855 | 低 | 居民点、公路 | 高 |
| 2 | 升轨 | A-02 | 860×800 | 黄乃亥乡 | −54 | 38.2 | 2467～2802 | 低 | 居民点、公路 | 高 |
| 3 | 升轨 | A-03 | 575×980 | 黄乃亥乡 | −44 | 37.4 | 2774～2992 | 低 | 居民点 | 高 |
| 4 | 升轨 | A-04 | 250×2000 | 年都乎乡 | −40 | 40.8 | 2812～3001 | 低 | 村落 | 高 |
| 5 | 升轨 | A-05 | 450×720 | 兰采乡 | −36 | 40.1 | 2592～2987 | 低 | 村落、河流 | 高 |
| 6 | 升轨 | A-06 | 700×660 | 隆务镇 | −48 | 33.3 | 2937～3173 | 中 | 无 | 低 |
| 7 | 升轨 | A-07 | 700×690 | 扎毛乡 | −50 | 15.8 | 3252～3418 | 中 | 村落 | 高 |
| 8 | 升轨 | A-08 | 580×540 | 曲库乎乡 | −40 | 43.9 | 3995～4250 | 低 | 河流 | 中 |
| 9 | 降轨 | D-01 | 570×740 | 黄乃亥乡 | −37 | 45.1 | 2489～2746 | 低 | 居民点、农田 | 高 |
| 10 | 降轨 | D-02 | 470×630 | 黄乃亥乡 | −42 | 29.5 | 2673～2817 | 低 | 道路、村庄 | 高 |
| 11 | 降轨 | D-03 | 790×800 | 黄乃亥乡 | −29 | 32.4 | 2579～2846 | 低 | 村庄、农田 | 高 |
| 12 | 降轨 | D-04 | 550×660 | 黄乃亥乡 | −22 | 39.3 | 2649～2866 | 低 | 无 | 低 |
| 13 | 降轨 | D-05 | 420×530 | 黄乃亥乡 | −18 | 28.3 | 2762～2882 | 低 | 无 | 低 |
| 14 | 降轨 | D-06 | 460×280 | 黄乃亥乡 | −21 | 46.2 | 2560～2700 | 低 | 河流、农田 | 中 |
| 15 | 降轨 | D-07 | 560×350 | 黄乃亥乡 | −20 | 42.1 | 2579～2724 | 低 | 河流、道路 | 中 |
| 16 | 降轨 | D-08 | 630×860 | 年都乎乡 | −20 | 32 | 2818～3010 | 低 | 村庄 | 高 |
| 17 | 降轨 | D-09 | 700×720 | 扎毛乡 | −45 | 13.6 | 3172～3276 | 中 | 无 | 低 |
| 18 | 降轨 | D-10 | 520×500 | 加吾乡 | −25 | 40.3 | 3414～3654 | 中 | 村庄 | 高 |
| 19 | 降轨 | D-11 | 300×340 | 隆务镇 | −21 | 38.2 | 2719～2850 | 低 | 村庄 | 高 |

基于升轨数据识别出的 8 个隐患点中 A-02、A-03、A-04、A-05 和 A-08 5 个点与历史地质灾害面存在重合。A-01、A-02 和 A-03 位于黄乃亥乡,斜坡下方均分布有零散居民点,且沿隆务河左岸发育,3 个不稳定斜坡面就空间位置而言均位于斜坡体后缘。A-02 号形变中心靠近羊智村,不稳定斜坡对坡顶村落及坡脚零散居民点造成严重威胁。A-04 号形变区域为其斜坡体后缘,斜坡面有植被覆盖,从高分辨率卫星影像上可明显看到后缘裂缝发育,处于高风险状态,直接威胁对象为位于坡脚的尕沙日村。A-05 号斜坡位于兰采乡与年都乎乡的交界处,斜坡陡峭,且坡体表面植被覆盖较差,直接威胁斜坡顶部

的土房村和隆乌古曲流域,滑坡灾害隐患风险较大。A-06 号形变中心位于隆务镇,地表植被覆盖相对良好,且周边无居民点或村落,相对而言风险等级较低。A-07 号斜坡位于曲库乎乡,结合高分卫星影像发现,强形变范围内植被覆盖较少,且坡体表面有多处明显松散物滑移现象;另外,斜坡一侧常年积雪覆盖,夏季冰雪融化可能对形变监测结果产生影响。A-08 号形变中心均位于扎毛乡,两个斜坡体坡度较缓,且地表有植被覆盖,但由于直接威胁对象靠近坡脚的卡苏乎村,滑坡灾害隐患风险较大。基于升轨数据的滑坡隐患识别效果如图 4-65 所示。

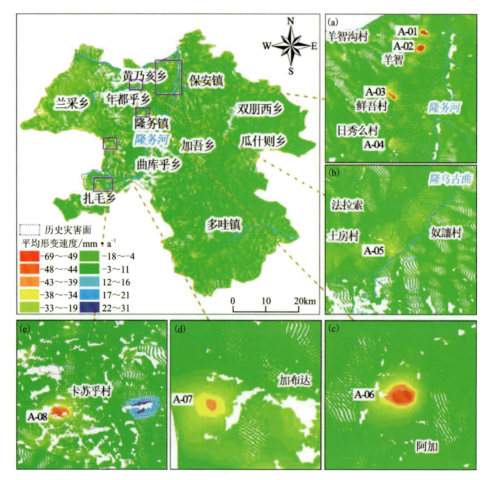

图 4-65　研究区升轨方向形变速率及隐患识别效果图

从降轨数据的滑坡灾害隐患点的早期识别结果来看(图 4-66),识别出的 11 个隐患点中 D-02、D-05、D-09 3 个点与历史地质灾害面重合。D-01 斜坡的直接威胁对象为坡脚处零散的居民点及农田;D-02 的直接威胁对象为特门村以及临近坡脚的道路,D-02 号斜坡年均形变速率较大,具有较高的风险等级;D-03 主要影响相连接的左、右两侧斜坡,其中左侧斜坡直接威胁对象为奴让村及周边农田,风险等级较高;D-04、D-05 无直接威胁对象,风险等级较低;D-06、D-07 2 个点主要威胁斜坡下方的河流、道路、农田,风险等级为中;D-08 强形变区域靠近坡顶的卧龙村,人类活动迹象明显,风险等级较高;D-09 斜坡位于扎毛乡,坡度较缓,且无直接威胁对象,风险等级相对较低;D-10 主要威胁对象为坡脚位置的其加村和江日村,斜坡较为陡峭,风险等级较高,且该斜坡冬季冰雪覆盖,对形变监测结果存在一定的影响;D-11 位于隆务河东岸,属于隆务镇,斜坡坡度较陡,植被覆盖差,若发生滑动,直接威胁坡下的吴屯上庄村,风险等级较高。

根据升降轨形变速率特征并结合高分率光学遥感影像确定了滑坡灾害的隐患坡体位置及其边界范围,本次研究识别出的 19 处滑坡隐患集中分布于隆务河两侧的斜坡上,主要涉及黄乃亥乡、年都乎乡、兰采乡、隆务镇、加吾乡、曲库乎乡、扎毛乡 7 个乡镇(图 4-67)。

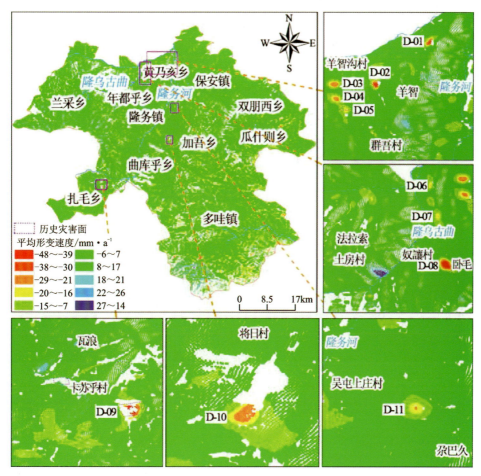

图 4-66　研究区降轨方向形变速率及隐患识别效果图

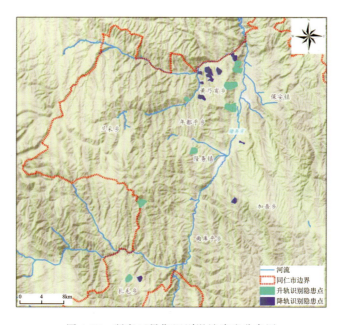

图 4-67　研究区早期识别滑坡隐患分布图

## 四、识别结果有效性分析

### 1. 形变速率精度分析

根据形变速率平均精度计算公式对研究区范围内 SBAS-InSAR 形变速率反演精度进行计算统计，升轨形变速率精度范围为 0~8 mm，平均形变速率精度为 5 mm，标准差为 1.26 mm；降轨形变速率精度范围为 0~11 mm，平均形变速率精度为 7 mm，标准差为 2 mm。总体而言，形变速率精度可达毫米级，监测结果精度优于 8~11 mm，结果有效可靠（图 4-68）。

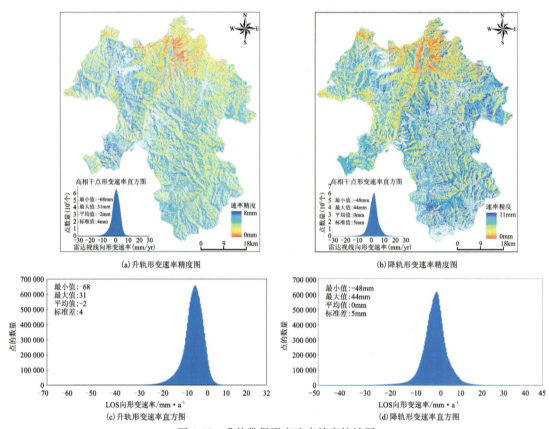

图 4-68 升轨数据形变速率精度统计图

### 2. 结合几何畸变的升降轨识别结果差异性分析

星载 SAR 影像的几何畸变与雷达成像侧视角、地形坡度坡向有着直接的联系，受影像几何畸变影响而发生的相位丢失或重叠，是星载 SAR 卫星侧视成像特点所带的先天不足。本次研究对覆盖同仁市的升降轨 Sentinel-1 数据进行了几何畸变分析（图 4-69），畸变类型分为主动叠掩、被动叠掩、主动阴影、被动阴影以及叠掩阴影，主动与被动的划分依据为观测地物本身产生的畸变还是由于受到周围地物影响而产生的畸变。在升降轨数据中，几何畸变主要发生在隆务河东西两岸，区域内上升轨道受到几何畸变的影响更为明显。升降轨 Sentinel-1 数据主要受到叠掩作用的影响，且升轨受影响范围比降轨更广（图 4-70）。为了更直观地展示升降轨几何畸变与坡度坡向的关系，以黄乃亥乡为例，在升轨数据中[图 4-71（a）]，红色和黄色对应为叠掩区域，主要位于东南朝向的斜坡上；蓝色区域对应阴影区，主要分布于坡度较大的区域。而在降轨数据中[图 4-71（b）]，叠掩（对应图中红色和黄色区域）主要分布在靠近隆务河一侧的东北朝向斜坡上，阴影区（对应图中蓝色）则主要分布在背向雷达信号的陡峭斜坡上。此外,叠掩区主要分布在坡向较复杂区域,阴影区则主要分布于坡度较大区域,难以获取有效的监测信号。几何畸变的类型及其分布在升降轨数据中表现差异较大。

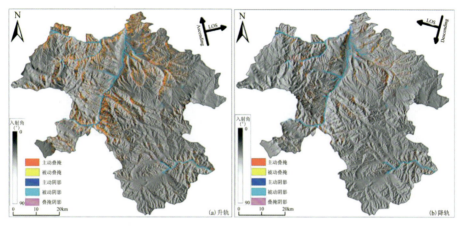

图 4-69　研究区 Sentinel-1 升轨数据几何畸变分布图

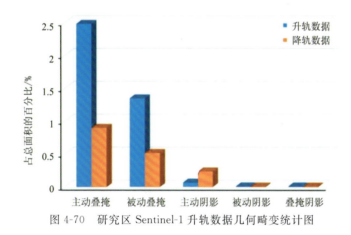

图 4-70　研究区 Sentinel-1 升轨数据几何畸变统计图

　　为进一步说明几何畸变对升降轨识别结果的影响,以降轨识别到的 D-04 号隐患点为例,该坡体在升轨几何畸变中受叠掩影响明显[图 4-72(a)],导致部分区域形变信息丢失,故在形变速率反演结果中存在明显的信号丢失,未获取到有效的观测值,形变速率密度及精度均较低[图 4-72(c)];相反,在降轨中虽然存在轻微的阴影[图 4-72(b)],但是得到了有效的形变解算,获得了较好的形变速率结果,表现出了较为明显的形变特征[图 4-72(d)]。本次研究联合不同入射角的 SAR 影像(升、降轨)获取不同成像几何下目标地物的形变特征,在一定程度上弥补单一成像几何带来的监测盲区,识别结果更加全面,从而提高了滑坡隐患早期识别的准确性和可靠性。

## 五、典型滑坡隐患特征分析

　　滑坡形变可分为 3 个阶段,包括初始变形、等速变形和加速变形,其中加速变形阶段是滑坡预警的关键阶段。在滑坡形变监测中,形变速率在时间和空间上的变化是评价滑坡阶段的重要指标,本次研究通过时间序列 InSAR 获取滑坡在不同时期的形变速率,为滑坡监测与早期预警提供重要的参考依据。山区滑坡的形变速率变化通常受到诸多因素的影响,通过滑坡体形变特征分析可进一步了解滑坡,为其防治与预警提供参考。现就本次研究识别出的 19 处滑坡隐患中的西山滑坡群、羊智滑坡群、土房村滑坡及尕沙日滑坡进行形变特征分析。

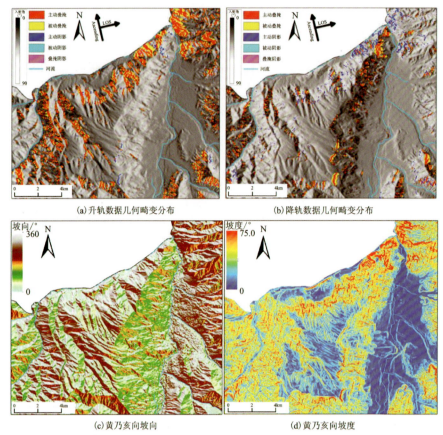

图 4-71　黄乃亥乡升降轨数据几何畸变与坡度坡向对应图

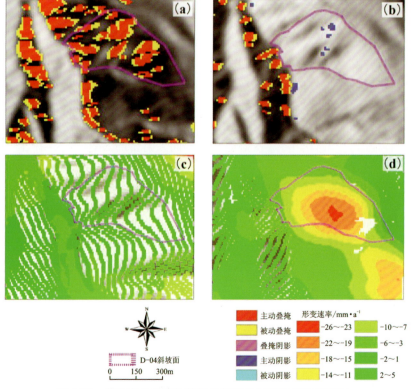

图 4-72　黄乃亥乡升降轨数据几何畸变与坡度坡向对应图

**1. 西山滑坡群特征分析**

西山滑坡群位于同仁市隆务镇夏琼南路西侧斜坡地带,二郎寺西侧,隆务河西岸,中心地理坐标为(东经102°00′,北纬35°31′)。以西山南段古滑坡发育为主,为典型的大型土质滑坡。

1)形变空间分布特征

由覆盖西山滑坡群的斜坡向形变速率分布图可以看出(图4-73),在Ⅰ到Ⅻ号滑坡中存在两个形变中心,分别位于Ⅱ号滑坡和Ⅴ号滑坡。Ⅱ号滑坡与Ⅴ号滑坡在平面上呈现为规则的长条形,其中Ⅱ号滑坡平均坡度为31.7°,海拔范围为2578~2826 m;Ⅴ号滑坡的平均坡度为34.7°,海拔范围2526~2684 m。为了更直观地表现滑坡面的变形情况,沿斜坡方向(西北向东南)绘制了Ⅱ号与Ⅴ号滑坡的形变速率剖面图。从图中可以看出,Ⅱ号滑坡在滑坡体中部年均形变速率最大,达−13 m/a;Ⅴ号滑坡的年均形变速率最大为−12 mm/a,滑坡体的后缘和中部的年均形变速率明显大于斜坡前缘。实地调查资料显示,Ⅴ号滑坡体后缘有3条雁形排列的拉张裂缝,中部发育6~7条裂缝,呈横向断续或连续发育,局部有下错现象(图4-74)。这与InSAR形变监测结果相一致。

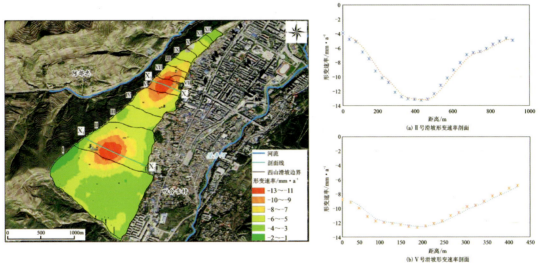

图4-73　西山滑坡群沿斜坡向形变速率

图4-74　Ⅴ号滑坡中部(左)和后缘(右)拉张裂缝实地照片

2)形变时间分布特征

以2019年1月9日为时间基点,获取了西山滑坡群监测时间段内相对起始影像的累积形变量(图4-75),正值表示在观测时间内发生了沿雷达视线方向的抬升,而负值则表示发生了沿雷达视线方向的下降,截止到2020年10月30日,西山滑坡群最大累积形变量达24 mm/a,最大累积形变中心位于西山滑坡群的Ⅴ号滑坡。基于滑坡运动规律,在Ⅱ号滑坡和Ⅴ号滑坡分别从滑坡体上部、中部、下部选取典型形变点进行时间序列上的累积形变分析,从而实现西山典型形变点的时间特征提取。

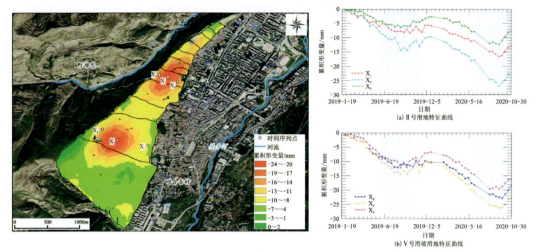

图4-75 西山滑坡群累积形变量及时间序列形变

由西山滑坡群中Ⅱ号和Ⅴ号滑坡的时间序列曲线图可以看出,在2019年6月23日之前形变速率呈线性匀速下滑趋势,至2019年12月5日,整个坡体形变速率出现线性波动趋势,出现多次极快速的小幅度下降和抬升,这可能是由于夏季同仁市降雨量集中导致降雨入渗裂缝,表层土壤扰动,稳定性变差以及降雨冲刷地表,表层黄土发生变化。而在2020年1月至2020年5月18日,形变速率恢复平稳缓慢的线性下滑趋势,随着6月雨季的到来,形变速率明显加快,并在9月之后发生新一轮的波动变化。

**2. 羊智滑坡群特征分析**

羊智滑坡群位于同仁市黄乃亥乡东北部,地处隆务河西岸,海拔2275～2864 m,中心地理坐标为(102°12′E,35°40′N),平均坡度42.5°,为黄土滑坡区,所在坡体植被较少,黄土覆盖,南侧存在历史泥石流冲沟,坡下为谷地平原,分布有居民点和农田。该区域内相干性良好,获取到大量有效InSAR观测值。

1)形变空间分布特征

由覆盖羊智滑坡群的年均形变速率分布图可知(图4-76),图中绿色代表形变速率较弱,黄色和红色则代表较为显著的远离雷达视线向运动,该范围内存在4个明显的形变中心(对其自北向南编号YZ-1♯、YZ-2♯、YZ-3♯、YZ-4♯),最大变形速率-64 mm/a,最大形变中心位于YZ-1♯,滑坡群范围内平均形变速率为-13 mm/a。

结合GF-2卫星影像圈定了该滑坡的斜坡边界,明确了强形变中心对应的斜坡体。从空间分布上看,多个形变中心均位于羊智滑坡群陡峭斜坡的中上部区域,坡体陡峭,植被稀疏,黄土覆盖,为滑坡灾害的发生提供了环境条件及物质来源。滑坡群区域内无断层发育,断裂运动影响较小。在InSAR结果圈定的4个不稳定斜坡面中选取4条剖面线(编号Y1—Y2、Y3—Y4、Y5—Y6和Y7—Y8),沿斜坡向下方向绘制沿剖面线的形变速率变化情况,剖面线选取分布如图4-77所示。

由沿剖面线的平均形变速率(图4-78)可以看出,斜坡体显著位移区主要位于斜坡中部或后缘位置。其中YZ-1♯斜坡形变核心位于斜坡往下450 m处,形变速率达-64 mm/a,在滑坡体前缘古滑坡面范围内年均形变速率较小,变化范围在-20～-10 mm/a;YZ-2♯斜坡与YZ-1♯斜坡形变速率变化相似;YZ-3♯形变速率相对较小,最大形变速率为-27 mm/y,形变核心位于斜坡中部;YZ-4♯形变核心明显位于斜坡后缘部分。其中,YZ-3♯靠近村庄居民点,人类活动迹象明显。

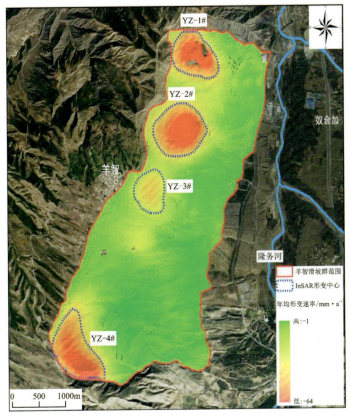

图 4-76 羊智滑坡群形变速率分布图

图 4-77 羊智滑坡群不稳定斜坡面及剖面线分布图

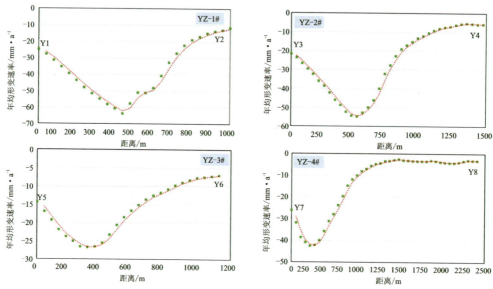

图 4-78　沿剖面线绘制的平均形变速率剖面图

在 GF-2 影像中可明显看出 YZ-1#斜坡前缘有小型滑坡痕迹[图 4-79(b)]；YZ-2#中部有小型滑坡，YZ-3#斜坡中部沿斜坡向下方向有历史泥石流冲沟[图 4-79(c)]；YZ-4#后缘为典型的"圈椅状"地貌[图 4-79(d)]。

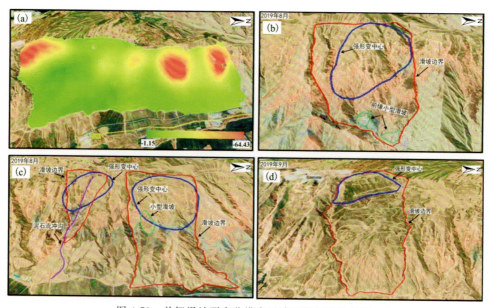

图 4-79　羊智滑坡群高分辨率遥感影像解译效果图

2）形变时间分布特征

羊智滑坡群范围内 4 个滑坡隐患点的累积形变量分布如图 4-80 所示，在监测周期内羊智滑坡群最大累积形变量达－122 mm，位于 YZ-1#号斜坡内。整体上累积形变量分布情况与形变速率分布具有很好的一致性。为了更直观地展示观测时段内羊智滑坡群的时间序列形变特征，针对 4 个隐患坡体共选取了 14 个特征点绘制时间序列曲线图。以 2019 年 1 月 9 日为时间基点，绘制不同时间上的 SAR 影像相对于参考主影像上的累积形变量，即在监测时段内随着时间变化累积形变量的变化情况。

YZ-1#不稳定斜坡前缘在监测时段内形变较小，斜坡后缘处于快速形变阶段，在 2020 年 5 月之后，由于雨季的到来，形变量呈加速增加趋势，斜坡中部则处于缓慢变形阶段，截至 2020 年 10 月 30 日，YZ-

1#最大累积形变量接近120 mm[图4-81(a)];YZ-2#不稳定斜坡整体形变区域与YZ-1#相似,形变集中于斜坡中部偏后缘,其形变量随着时间的变化逐渐增加[图4-81(b)];YZ-3#不稳定斜坡中部累积形变量明显大于前缘和后缘,整体形变量随着时间变化不断递增[图4-81(c)];YZ-4#斜坡时序点主要选择在斜坡后缘,整体后缘形变明显,在2020年之后其形变量变化趋势明显加快[图4-81(d)]。整体而言,羊智滑坡群内存在多个不稳定斜坡面,存在较大的隐患。

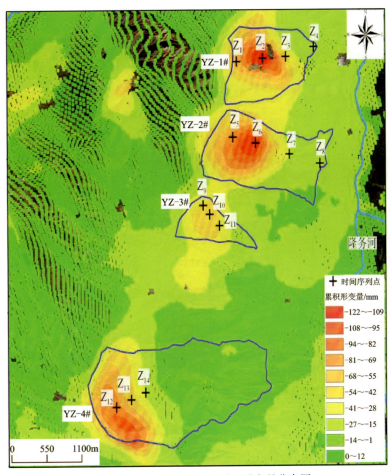

图4-80 羊智滑坡隐患点的累积形变量分布图

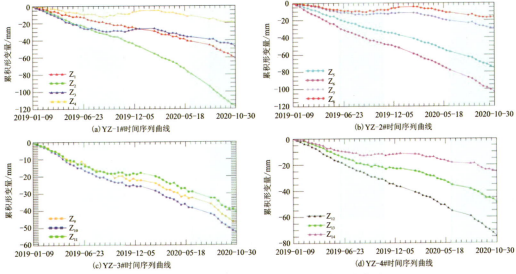

图4-81 羊智滑坡群累积形变量时间序列变化图

### 3. 土房村滑坡特征分析

土房村滑坡位于兰采乡与年都乎乡交界处,行政上属于兰采乡,与兰采乡荣哇村相邻。滑坡中心地理坐标为(101°56′37″E,35°37′00″N),隆务河支流隆乌古曲河畔。坡面为西北朝向,坡顶高程 2987 m,坡底高程 2592 m,平均坡度为 40.1°。坡体上植被稀疏,土房村及兰采荣哇村位于该斜坡顶部,若发生滑坡,将对坡顶村庄及隆乌古曲河产生威胁。

1) 形变空间分布特征

土房村滑坡最大年均形变速率为 −37 mm/a,强形变核心位于靠近隆乌古曲的陡峭斜坡上,斜坡体下方形变速率明显大于坡顶(图 4-82),坡顶位置分布有大量农田,靠近居民生产和生活的聚集区。为了更直观地展现该滑坡沿斜坡自上而下的形变情况,绘制了土房村不稳定斜坡的形变速率剖面图(图 4-83)。从斜坡体的形变速率剖面图来看,形变速率呈沿斜坡向下方向逐步变大的趋势,最大形变量位于坡体前缘 700~900 m 处,靠近隆乌古曲河畔。

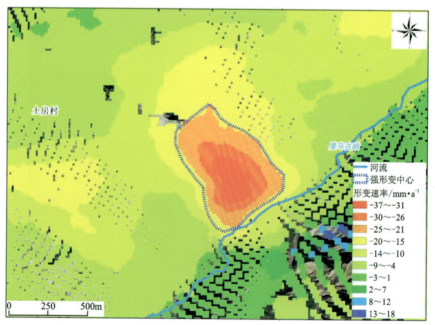

图 4-82 土房村升轨形变速率分布图

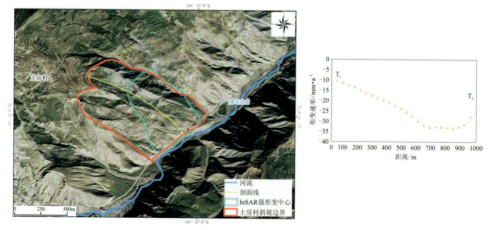

图 4-83 土房村滑坡形变速率剖面图

此外,通过高分遥感卫星影像进行滑坡解译(图4-84),土房村滑坡后壁呈"圈椅状"地貌,InSAR监测结果中的明显形变中心涉及3个滑坡面,从左至右分别编号TF-1♯、TF-2♯和TF-3♯,其中TF-2♯斜坡呈长条状,在滑坡中部偏前缘位发现明显裂缝。

图4-84 土房村滑坡隐患遥感解译图

2)形变时间分布特征

土房村滑坡隐患点的时间序列累积形变量如图4-85所示,范围内最大累积形变量达66 mm。基于滑坡运动规律,研究以2019年1月9日为时间基点,对TF-1♯和TF-♯2两个滑坡体沿斜坡向下方向各选取4个特征点绘制了时间序列曲线图。

TF-1♯坡体内累积形变量呈递增趋势,斜坡后缘的累积形变量明显小于坡体中部和前缘部分,斜坡前缘累积形变量最大。在2019年6月23日之前,均呈匀速变形趋势,而在6月23日之后随着雨季的到来,有一个快速增加的过程,F3和F4自2020年3月开始形变加速,其中F3在监测时段内最大累积形变量达-60 mm[图4-85(a)];TF-2♯坡体整体上其累积形变速率随时间的变化日益增加,在2019年11月之前呈匀速递增趋势,变化较缓;在2020年2月之后累积形变量变化速度明显加快,F6和F7所在位置裂缝发育,夏季降雨下渗,增加坡体的不稳定性[图4-85(b)]。

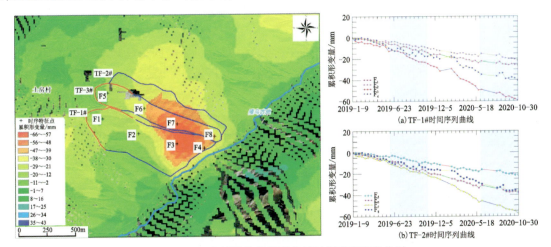

图4-85 土房村滑坡累积形变量时间序列和变化图

总体而言,人类居住及生产活动主要集中于斜坡顶部平坦区域和隆乌古曲对岸,滑坡体范围内无断层发育,整体斜坡体植被覆盖稀疏,雨季降雨量增大是斜坡体形变明显、坡体不稳定的重要原因。

## 4. 尕沙日滑坡特征分析

尕沙日村位于同仁盆地中的河谷阶地区,处于隆务河西岸,地理坐标为(102°01′33″E,35°36′6″N)。村庄后侧所靠山体为南北走向,海拔2381~3005 m,相对高差约为620 m。其山体中下部由水平产状的第三系(古近系+新近系)红色砂泥岩构成,纵向坡度约35°。尕沙日滑坡上部覆盖有风积黄土,纵向坡度约65°。该滑坡发生于2009年9月13日,滑体前缘在河谷阶地上形成碎屑流,直接损坏公路、房屋、引水渠等,并有人员伤亡,造成直接经济损失1 256.4万元。

1)形变空间分布特征

图4-86展示了尕沙日滑坡形变速率分布情况,其中,最大形变速率达−41 mm/a,形变核心主要集中于斜坡体中部及后缘位置,监测时段内后壁处于不稳定状态。由于受到几何畸变的影响,后壁靠近滑坡边界位置失相干,存在监测空值。

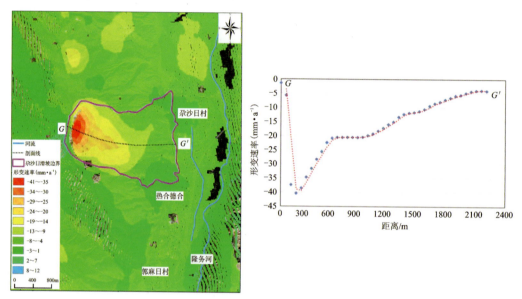

图4-86　尕沙日滑坡形变速率分布图

绘制沿斜坡向下方向(G—G′)的年均形变速率剖面图,以表征斜坡顺坡方向不同部位的形变程度。坡顶位置由于失相干,从而存在监测空值,整体而言,斜坡中后部的年均形变速率明显大于斜坡前缘,即斜坡体后缘处于不稳定状态。

通过高分遥感解译,可清晰识别该滑坡特征,滑坡体后壁呈明显的圈椅状地貌,且发育有多处横向与纵向拉裂缝(图4-87),最长裂隙约300 m,表明坡体后壁处于不稳定状态,存在滑动的可能性,这与时序InSAR的形变监测结果相吻合。

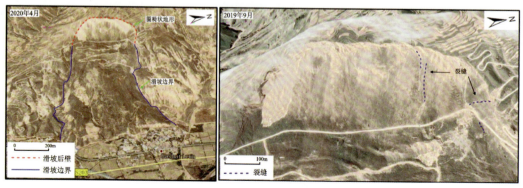

图4-87　尕沙日滑坡后壁裂缝影像特征图

2)形变时间分布特征

该滑坡自 2019 年 1 月 9 日至 2020 年 10 月 30 日的累积形变量如图 4-88 所示,监测周期内最大累积形变量达－79 mm,整体处于缓慢蠕动变形状态。沿斜坡方向分不同位置选取了 5 个点(G1—G5)来提取时间序列曲线,从时间序列变化曲线来看,除了靠近斜坡前缘的 G4 和 G5 两个点从 2019 年 7 月至 2020 年 1 月存在一个缓慢抬升的趋势,位于斜坡中部和后缘部分的 G1、G2 和 G3 的形变量随着时间的变化而不断朝着远离卫星视线方向增加。整体而言,斜坡中部处于不稳定的缓慢蠕动变形阶段,而斜坡后壁则处于剧烈变形状态。由于滑坡体后壁张裂缝的发育,在降雨的影响下,极易再次发生滑坡。

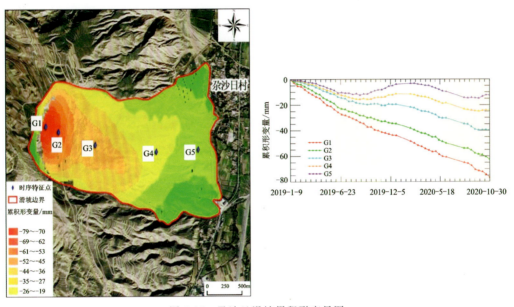

图 4-88　尕沙日滑坡累积形变量图

## 六、结　论

本书基于时序 SBAS-InSAR 技术,联合升降轨 SAR 影像从不同成像几何下反演获取了研究区地表形变信息,结合孕灾背景资料,辅以高分辨率光学影像筛选,对区内滑坡隐患进行了早期识别,研究结果表明:

(1)在 2019 年 1 月—2020 年 8 月监测周期内,区内共识别出滑坡隐患 19 处,其中历史滑坡 8 处,新发现隐患 11 处。所有隐患集中分布于隆务河两岸和隆乌古曲河畔,涉及黄乃亥乡、年都乎乡、兰采乡、隆务镇、加吾乡、曲库乎乡、扎毛乡 7 个乡镇。

(2)经形变速率精度分析,本次形变监测结果精度优于 8～11 mm,监测结果有效;结合区内升降轨 SAR 影像几何畸变类型及分布,对识别出的 19 处隐患进行了相干性和几何畸变复核检验,所有隐患均处在非几何畸变区,形变监测结果可靠。同时结合几何畸变对升降轨识别结果进行了差异性分析,19 处隐患中,升轨识别 8 处,降轨识别 11 处,联合升降轨数据从不同成像几何下对目标地物的形变特征进行提取,在一定程度上弥补了单一成像几何带来的监测盲区,识别结果更加全面,提高了滑坡隐患早期识别的准确性。

(3)通过典型滑坡特征分析发现,本次研究识别出的隐患均处于坡度陡、高差大的斜坡上,冲沟发育、溯源侵蚀现象严重,为其滑动提供了良好的地形条件;滑坡类型均为土质滑坡,所处黄土区,坡体结构松散、空隙大,具有较强的透水性,独特的岩土体条件极易发育形成滑坡灾害;坡体植被稀疏,多分布有地表裂缝,为地表水的入渗提供了通道,致使坡体稳定性变差;从典型隐患形变的时间序列分析结果可知,各隐患点坡体均呈缓慢变形趋势,稳定性较差,在研究区5—10月,尤其是6—8月集中降雨期间,形变呈加速趋势,降雨是诱发该区滑坡灾害发生的主要因素。

## 第五节　长江源区典型冰川空间变化遥感监测

青藏高原及其周边地区被称作"亚洲水塔",蕴藏着除南、北极之外最大的冰储量,是亚洲众多主要河流的发源地,保证着下游地区的环境和人类用水需求。作为这一区域的核心地带,各拉丹冬地区丰富的冰冻圈资源作为区域水资源的重要组成部分,对气候变化极为敏感;该地区现代冰川储量占长江流域总储量的一半以上,且由于海拔较高、环境恶劣、通达性较差,受人类活动的影响较小,是研究全球气候变化的区域性响应机制的理想场所。前人研究成果表明,各拉丹冬地区冰川2000年比1969年面积退缩了1.7%,最大的冰川退缩速度为45 m/a(鲁安新等,2002);1973—2013年的40年间,该地区2000年以后冰川消融速度加快(许君利等,2018);2000—2018年冰川的高程变化为($-0.28\pm0.08$) m/a,2012年以后地区内冰川物质损耗加速(Liu et al,2020);1964—2010年,冰川有进也有退,大多数冰川处于退缩的状态,有9条冰川有前进的现象(王媛等,2013)。基于前人的研究可以发现,现阶段多数研究除在面积上对单条冰川进行分析外,其他诸如高程、储量、融水量等参量均是对冰川的整体进行评价。作为长江源头,内部冰川变化空间异质性探索仍有待加强,对内部冰川变化的深入挖掘有助于分析不同状态的冰川对气候变化的响应机理,进而为决策者提供参考,为冰川变化预测工作打下基础。

青海省自然资源卫星应用技术平台的搭建,实现了青海省国产卫星数据的准实时汇聚和服务,可为青海省冰川长时序高分辨率监测提供高效数据保障,尤其是GF-7卫星携带的立体相机后视像元分辨率达0.65 m,为冰川内部精细监测和立体监测提供了高分辨率的数据源。随着遥感技术的发展,多源遥感数据、主动遥感、被动遥感广泛应用于冰川面积变化、冰川高程变化、冰川储量和冰川表面流速等的监测中。近年来,卫星测高技术成为青藏高原冰川、湖泊动态变化的有利观测手段,特别是ICESat、ICESat-2测高数据已广泛应用于冰川高程变化、湖泊水位变化监测中。激光测高数据和DEM结合可以用来计算冰面高程的变化,以弥补实地测量区域范围小的局限性,可为一些偏远地区的冰川监测厚度变化提供参考。冰储量作为冰川重要的参数,既是建立冰川水文模型、动力模型及灾害模型的重要输入参数,也是评估冰川变化对河川径流影响及制订积极防灾减灾措施的重要指标,还是预测冰川未来变化的重要前提。冰川流速作为研究冰川动态变化的重要指标之一,以往因观测技术有限没有得到足够的研究,而现今合成孔径雷达(synthetic aperture radar, SAR)技术能够全天时全天候对冰川进行观测,已成为测量冰川表面流速的常用技术手段之一。

### 一、研究区概况

唐古拉山脉为青藏高原腹地近东西走向的山脉,平均海拔6000 m左右,是太平洋与印度洋流域重要的分水岭,长江、澜沧江、怒江等河流均由本地区发源。研究涉及的两个冰川均位于此处。其中尕恰迪如岗冰川群位于唐古拉山西段各拉丹冬地区,属于青海省格尔木市,属长江流域,是三江源国家级自然保护区的重要组成部分,是三江源冰川作用最为广泛的地区。尕恰迪如岗冰川群地理位置介于东经90°47′53″—90°57′24″,北纬33°21′28″—33°35′4″之间,南北长约23 km,东西宽10~12 km,主峰海拔6573 m,冰雪覆盖面积约190 km²,其中冰川东部约96 km²积雪面积的融水补给长江之源。冰川主要集中在海拔5200~6500 m范围内,发育冰川34条,有少量的冰川在前进,大部分在退缩且退缩程度不同。冬珂玛底冰川位于唐古拉山中段,东经92°3′52.11″,北纬33°5′11.838″,属于大陆型山谷冰川。该冰川是由一条朝南向的主冰川(也叫大冬克玛底冰川)和一条朝向西南的支冰川(也叫小冬克玛底冰川)汇流而成的复式山谷冰川,主冰川面积 14.63 km², 长 5.4 km, 末端海拔 5275 m, 粒雪线为 5600 m, 冰川表面平缓。支冰川面积 1.767 km², 长约 2.8 km, 位于主冰川东侧, 最高点 5926 m, 多年粒雪线为 5620 m, 冰川表面亦较平缓, 没有冰面河发育, 且很洁净, 无表碛。

针对尕恰迪如岗冰川群(图 4-89), 运用 GF-7 立体影像进行冰川高程信息提取, 结合 ALOSPALSAR DEM 进行冰川高程变化监测和储量变化、物质平衡估算, 利用 Landsat 系列、高分系列影像构成长时间序列遥感数据进行冰川边界信息提取, 准确获取了研究区 2009—2021 年 12 年间的高程、储量变化和物质平衡信息及 1986—2021 年的平面变化信息, 与传统针对冰川的研究不同, 本研究除对冰川整体面积变化进行长时序分析外, 还综合冰川平面变化速率、最大高程变化速率、平均高程变化速率等因子, 对 12 条典型内部冰川展开深入剖析, 由西向东、由南向北顺时针分别编号为 1~12, 全方位多角度剖析冰川变化全貌, 进而对不同朝向、不同走向、不同海拔分布的冰川变化做出分析, 对其变化的外部表现与内部关系展开深入研究。

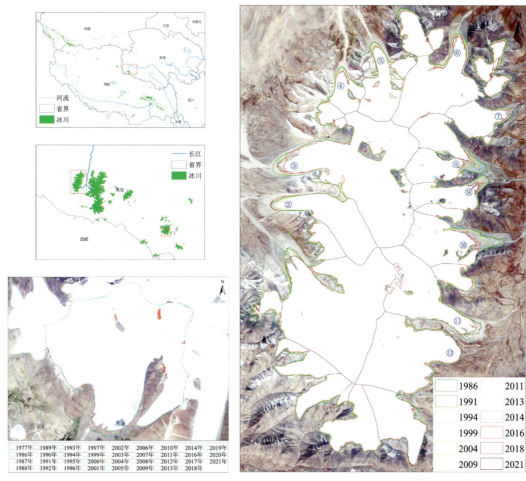

图 4-89　研究区地理位置图

针对冬克玛底冰川,利用多源长时间序列的光学卫星对 1997—2021 年 36 期数据的面积变化情况进行监测,采用合成孔径雷达差分干涉测量(D-InSAR)技术和激光测高技术监测 2018—2021 年期间冰川表面流速、2019—2021 年冰川高程变化,以及利用 2000 年、2011 年和 2016 年多期 DEM 数据估算冰川的储量,为该地区长时间监测提供了可靠的科学依据和技术支撑。

## 二、数据源

### 1. 使用数据

冰川面积监测远期采用 Landsat TM、ETM、ETM＋数据，近期采用 Landsat 8、GF-1、GF-2、GF-7 等数据(表 4-7)。选择在夏季为最佳，综合考虑影像质量及数据可获取性，结合地表季节性积雪状况及研究时段间隔、分辨率可比性，选择冰川区无云、季节性积雪较少，集中云层覆盖面积少于 5%，分散云层覆盖总面积少于 10% 的影像。冰川高程和储量监测采用 GF-7、SRTM DEM、ALOS PALSAR DEM、ICESat-2。冰川表面流速监测采用 Sentinel-1A。冰川界线以各年解译边界为准，山脊线沿用中国科学院寒区旱区环境与工程研究所 2014 年 12 月发布的《第二次冰川编目》数据集。

表 4-7 研究区采用的遥感数据概况与用途

| 监测冰川名称 | 数据类型 | | | 获取时间/年 | | | | | | 空间分辨率/m | | 用途 |
|---|---|---|---|---|---|---|---|---|---|---|---|---|
| 尕恰迪如岗冰川群 | TM | 1986 | 30 | ETM＋ | 1999 | 30 | ETM＋ | 2011 | 30 | GF-1 | 2016 | 2 | 提取面积 |
| | TM | 1991 | 30 | ETM＋ | 2004 | 30 | GF-1 | 2013 | 2 | GF-2 | 2018 | 1 | |
| | TM | 1994 | 30 | ETM＋ | 2009 | 30 | GF-1 | 2014 | 2 | GF-7 | 2021 | 0.8 | |
| | GF-7_BWD GF-7_FWD | | | 2021 | | | | | | 0.8 | | | 提取高程 |
| | ICESat-2 | | | 2018—2021 | | | | | | — | | | DEM 精度评定 |
| | ALOS PALSAR DEM | | | 2009 | | | | | | 12.5 | | | 监测前时相、DEM 生产参考资料 |
| 冬克玛底冰川 | TM | 1977 | 15 | TM | 1994 | 15 | ETM | 2004 | 30 | OLI | 2013 | 15 | 提取面积 |
| | TM | 1986 | 15 | TM | 1995 | 15 | TM | 2005 | 15 | OLI | 2014 | 15 | |
| | TM | 1987 | 15 | TM | 1996 | 15 | TM | 2006 | 15 | OLI | 2015 | 15 | |
| | TM | 1988 | 15 | TM | 1997 | 15 | TM | 2007 | 15 | OLI | 2016 | 15 | |
| | TM | 1989 | 15 | ETM | 1999 | 30 | TM | 2008 | 15 | OLI | 2017 | 15 | |
| | TM | 1990 | 15 | TM | 2000 | 15 | ETM | 2009 | 30 | OLI | 2018 | 15 | |
| | TM | 1991 | 15 | TM | 2001 | 15 | TM | 2010 | 15 | ETM | 2019 | 30 | |
| | TM | 1992 | 15 | TM | 2002 | 15 | TM | 2011 | 15 | GF-1 | 2020 | 2 | |
| | TM | 1993 | 15 | TM | 2003 | 15 | ETM | 2012 | 30 | GF-1 | 2021 | 2 | |
| 冬克玛底冰川 | ICESat-2 | | | 2019—2021 | | | | | | — | | | 高程监测 |
| | SRTM DEM | | | 2000 | | | | | | 90 | | | 储量监测 |
| | SRTM DEM | | | 2011 | | | | | | 30 | | | 储量监测 |
| | ALOS PALSAR DEM | | | 2016 | | | | | | 12.5 | | | 储量监测 |
| | Sentinel-1A | | | 2018—2021 | | | | | | 5×20 | | | 表面流速 |
| | 《第二次冰川编目》数据集 | | | 2014 | | | | | | — | | | 山脊线划定、边界参考 |

**2. 数据介绍**

GF-7 卫星是中国首颗民用亚米级高分辨率光学传输型立体测绘卫星,主要用于 1∶10 000 立体测图生产及更大比例尺基础地理信息产品更新。本次研究数据选择的是 2021 年 2 月 11 日的高分七号传感器校正产品,需要用到的是前视、后视双线阵立体影像和多光谱影像(图 4-90)。卫星配置前视、后视两台视轴成固定角度的线阵相机,通过对地推扫成像,几乎可以在同一时刻获取同一地区的前视、后视两条相互重叠的影像航带,具备了同轨道前后视立体成像能力及亚米级空间分辨率优势。影像数据已经过辐射质量检查、几何质量检查,影像整体颜色和清晰度较好,无云覆盖。前视影像像素为 31 268×31 000,影像覆盖面积约 22.047 km×25.109 km,影像地面分辨率为 0.83 m;后视影像像素为 35 864×40 000,影像覆盖面积约 22.652 km×25.681 km,影像地面分辨率为 0.67 m;多光谱相机包括红、绿、蓝、近红外 4 个谱段,分辨率为 2.68 m。

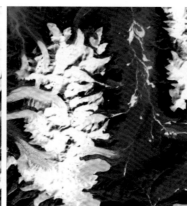

图 4-90　研究区 GF-7 影像(左:前视影像/中:后视影像/右:多光谱影像)

主要使用的遥感数据还包括:Sentinel-1A 降轨数据 24 景,每年采用 3 个干涉对 6 景影像,两期间景影像之间相隔 24 d 以保障良好的相干性。ICESat-2 激光测高数据 9 期,2019 年 5 月—2021 年 11 月的 ICESat-2 激光测高数据共 3 个轨道覆盖冰川区,其中 2019 年的两期数据覆盖冰川中部及东部,2020 年的两期数据覆盖冰川东部区域,2021 年 5 期数据在冰川整体区域均有所覆盖。欧洲航天局研制的 Sentinel-1 卫星,由 A、B 两颗卫星组成,双星重访周期最短为 6d,有 4 种成像模式,最大幅宽为 400 km。使用 Sentinel-1A 的 IW 模式下 5 m×20 m 分辨率的数据进行冰川表面流速的提取。ICESat-2 于 2018 年 9 月 15 日成功升空,是美国继 ICESat 失效后发射的新一代星载激光雷达卫星,采用其 ATL06(Land Ice Elevation 陆地冰高程)level3A 级产品进行 GF-7 提取的 DEM 精度评定和冰川高程变化监测。

## 三、技术路线

光学影像远期采用 Landsat TM、ETM、ETM+ 系列,近期采用 Landsat 8 和 GF-1、GF-1B\C\D、GF-2、GF-6、GF-7 等高分系列;激光测高数据采用 ICESat-2;DEM 数据采用 SRTM、ALOS PALSAR、GF-7;卫星雷达数据采用 Sentinel 等。以自动和人机交互式目视解译光学影像、激光测高数据,DEM 数据采用 GIS 空间分析等技术方法,对冰川开展面积、物质平衡、厚度变化、表面运动速度等进行综合分析研究。具体技术流程如图 4-91 所示。

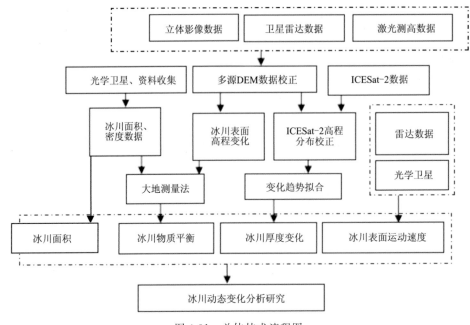

图 4-91　总体技术流程图

**1. 边界提取**

边界提取是遥感冰川信息提取工作中的重点。在长期的研究工作中,专业人员已针对不同数据源研究出了多种多样的提取方法,均取得了良好的效果,对 Landsat 数据而言,较常用的方法有比值阈值法、归一化差分积雪指数法、地学信息图谱方法、多波段正交线性变换和目视解译法等。本研究中,根据研究区冰川特性与数据特性,以波段比值法和目视解译相结合的手段,对冰川边界进行了提取。自动 NDSITM=(TM2−TM5)/(TM2+TM5),人工编辑以同时期影像作为参照,对湖泊等错分为冰川的区域进行删除,对山体阴影等因素导致漏分的区域进行补全,并对冰川末端的孤悬冰体部分进行修正,山脊线以二次编目为准,对山头出露和覆盖进行修正。高分系列影像的冰川在 2011 年的基础上进行目视解译。

**2. 高程提取**

出于商业保密的原因,高分七号卫星不会向用户提供严密物理传感器模型,但会提供包含有理函数信息的 RPC 文件。因此,采用有理函数模型进行几何定位交互完成 DEM 提取工作,实验提取 DEM 流程如图 4-92 所示。因研究区为冰川区,无植被和建筑物影响,可以用 DSM 等效代替 DEM 来表示研究区地表的高程变化情况。

**3. 高程变化提取**

尕恰迪如岗冰川高程变化监测前时相为 PALSAR,格网分辨率 12.5 m,地理坐标系为 WGS84,数据采集时间为 2009 年 2 月 15 日;后时相为 GF-7,格网分辨率 2 m,数据采集时间为 2021 年 2 月 11 日,监测时间跨度为 12 年整。进行两期 DEM 的冰川高程变化监测需进行地理坐标系配准,将两期 DEM 进行栅格计算得到冰川 12 年高程差。

冬克玛底冰川采用 2019 年 5 月—2021 年 11 月的 ICESat-2 激光测高数据与 2007 年 1 月 22 日采集的 PALSAR 分辨率为 12.5 m 的 DEM 进行冰川高程变化监测,监测时间跨度为 12 年以上。

ICESat-2 测高数据轨道设计为近极地,在两极以外地区的空间采样率较低,获取的大部分数据在

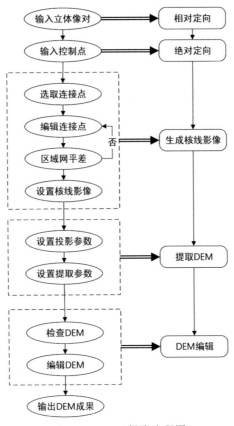

图 4-92 DEM 提取流程图

两极快速收敛而在中低纬度地区的轨迹稀疏。较低的空间采样率和不精确的重复轨迹,使得交叉点法和重复轨迹法监测中低纬度地区的内陆冰川并不适用。然而 DEM 模型可以提供包括高程在内的各种地貌信息,例如坡度、坡向等地形因子的空间分布。基于 DEM 模型的特点,以研究区域内的 DEM 模型为基准,将每期测高获取的高程值与 DEM 相减,得到冰川高程的变化量。采用式(4-1)计算:

$$\Delta H = H_{sat} - H_{DEM} - \text{Offset} \tag{4-1}$$

式中,$\Delta H$ 为高程变化量;$H_{sat}$ 为测高卫星地面轨迹的高程值;$H_{DEM}$ 为由 DEM 模型内插的地面轨迹各个观测点处的高程值;Offset 为椭球改正,因 ICESat-2 与 PALSAR 数据均采用 WGS84 椭球,无需进行改正。

**4. 储量变化与物质平衡**

进行冰川储量变化的计算是利用每个像元的不同时期 DEM 高程差值与对应像元面积先求积再求和,得到冰川体积变化。与高程变化提取相同,进行储量变化计算前需要进行坐标系统一、地理配准和重采样。Huss(2013)根据阿尔卑斯山具有长时间序列观测资料的冰川并建立模型对雪冰密度进行模拟,提出当研究周期大于 5 年,建议采用(850±60) kg/m³ 作为冰雪密度,其中 60 kg/m³ 为不确定性。本研究基于积雪压实密度模型特点,利用式(4-2)进行冰川储量变化的估算。

$$m = \rho \times \sum_{i=1}^{n} A_i (H_i - h_i) \tag{4-2}$$

式中,$\rho$ 为冰川物质平均密度参数;$A_i$ 为第 $i$ 个像元面积;$H_i$ 为第 $i$ 个像元后时相高程;$h_i$ 为第 $i$ 个像元前时相高程;$n$ 为像元数量;$i$ 为当前计算像元编号。

计算完成后,负数表示净损失,正数表示净收益,0 表示不变。

冰川物质平衡估算是将冰川储量变化根据水密度(1000 kg/m³)换算为水当量 m w.e.(meters of

water equivalent),即当积雪完全融化后所得到的水所形成水层的垂直深度,其中除的面积是两期面积的平均值。

### 5. 冰川表面流速监测

SAR 数据由振幅信息和相位信息组成,合成孔径雷达差分干涉测量(D-InSAR)技术正是利用 SAR 数据相位信息中包含的地表变形相位来获取地表变形的。获取过程中先借助 DEM,通过差分干涉方法提取 2 幅不同时期、覆盖同一研究区 SAR 数据中的差分干涉相位信息,然后逐一去除差分干涉相位中除变形相位以外的其他多余相位,最后将获取的变形相位转化为地表变形信息。差分干涉测量(D-InSAR)技术已成功应用于绘制冰川流速图等领域,是目前测量斜距向位移最精确的方法之一。在保障相干性的前提下,本研究采用 D-InSAR 方法监测冬克玛底冰川在 2018—2021 年期间的冰川表面流速,监测结果可以保持良好的细节特征,结果基于卫星视线方向,正值表示贴近雷达卫星传感器拍摄方向的形变(可视为抬升形变),负值表示远离雷达卫星传感器拍摄方向的形变(可视为沉降形变)。

### 6. 精度评定

1)边界提取精度评定

将 2009 年提取结果与第二次冰川编目数据进行比对,结果表明 2009 年的提取结果与编目数据在冰川面积变化趋势上存在较高的连续性,合理反映了相应时间段(2007—2009 年)研究区冰川变化情况。

2)DEM 精度评定

采用从美国冰雪中心上直接下载的 3A 级数据 ATL06,它是结合 ATL02 数据、精确轨道位置(POD)以及精确指向(PPD)数据及 ATL09 大气参数经过椭球面转换生成的,其文件已经包括光子的经纬度和椭球高。高分七号卫星和 ICESat-2 激光点高程基准均为 WGS84 椭球下的大地高,不需要进行高程改正。

ICESat-2 卫星官方在产品发布前已经做了滤波等相应的工作,但是并不能完全消除噪声光子的影响,且在数据分析时希望光子是均匀分布在整段沿轨距离间隔内,因此在读取数据之后需要对高程异常值进行剔除,将测高数据与已有的 DEM 数据进行叠加判断,对与 DEM 高程值差异较大的值进行剔除,并且将沿轨间距内水平方向上超过 20% 数据缺失的光子点进行剔除,最后将预处理后的文件转换成通用的 ×.shp 格式点文件。

高程信息作为 DEM 的主要价值体现,在 DEM 精度评价中,一般来说经常只讨论 DEM 的高程精度问题。根据《工程测量标准》(GB 50026—2020)规定,研究区冰川绝大部分地区坡度大于 6°,属山地和高山地。参考相关技术规范,以统计精度检测点中误差方式,利用 GF-7 卫星数据生产的 1∶10 000 比例尺 DEM 高程精度验证,山地一级高程中误差为 2.5 m,高程中误差的 2 倍为其限差。高程精度检测中误差按式(4-3)执行。

$$m_H = \pm \sqrt{\frac{\sum_{i=1}^{n} \Delta H_i^2}{n}} \tag{4-3}$$

式中,$m_H$ 为高程精度检测中误差,单位为 m;$\Delta H_i$ 为解算值与检测点高程坐标检验值的较差;$n$ 为检测点个数。

ICESat-2 采集时间为 2020 年 12 月 14 日和 2020 年 12 月 23 日,测量数据点均匀分布于冰川之内。高程差的中误差为 1.418 m,在置信区间为 95% 的情况下,分布的均值为 (0.766±0.037) m,$R^2 = 0.9999$。结果表明,基于 GF-7 生产的 DEM 高程精度符合 1∶10 000 精度要求。

## 四、结果与分析

### 1. 面积变化分析

1986年尕恰迪如岗冰川面积为193.85 km², 2021年面积为174.98 km², 35年冰川面积减少了18.87 km², 减少9.73%, 减少速率为0.54 km²/a(图4-93)。

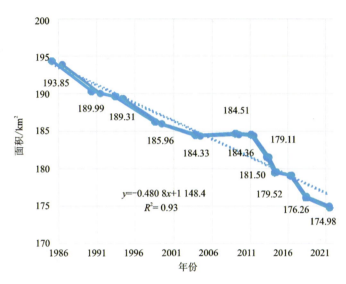

图4-93 1986—2021年冰川面积监测图

对总体情况和尕恰迪如岗11条典型冰川进行分析,具体内容如下。

(1)冰川1986—2021年面积退缩与年份呈显著线性关系,$R^2=0.93$,回归方程为$y=-0.4808x+1148.4$。

(2)冰川面积整体呈逐年减少趋势,东西走向冰川退缩速率大于南北走向冰川,北部冰川退缩速率大于南部冰川。

(3)东西走向的大部分冰川呈退缩状态,且多条冰川退缩剧烈(7号、8号、9号),但也有一条冰川先退缩再前进(2号),一条冰川先前进再退缩(3号),一条冰川呈不稳定状态(11号);北向冰川多呈平稳退缩状态。

(4)退缩型8条。1号冰川呈退缩状态,35年平均退缩450 m,退缩速率12.86 m/a。4号冰川呈退缩状态,35年平均退缩380 m,退缩速率10.86 m/a。5号冰川呈退缩状态,35年平均退缩290 m,退缩速率8.29 m/a。6号冰川呈退缩状态,35年平均退缩180 m,退缩速率5.14 m/a。7号冰川呈退缩状态,35年平均退缩150 m,退缩速率4.29 m/a。8号冰川呈退缩状态,35年平均退缩1400 m,退缩速率40.00 m/a。9号冰川呈退缩状态,35年平均退缩620 m,退缩速率17.71 m/a。10号冰川呈退缩状态,35年平均退缩1750 m,退缩速率50.00 m/a,为退缩速率最快的一条冰川。

(5)先前进再退缩型1条。3号冰川1986—1999年间呈前进状态,13年约前进350 m,1999—2021年呈退缩状态,22年间退缩约460 m,2021年较1986年退缩了约110 m。

(6)先退缩再前进型1条。2号冰川1986—2009年间呈退缩状态,23年约退缩330 m,平均退缩速率14.35 m/a;2009—2021年后呈前进状态,12年间前进约350 m,平均前进速率29.17 m/a;2021年较1986年前进了约20 m。

(7) 不稳定型 1 条。11 号冰川 1986—1999 年呈退缩状态,退缩 150～450 m 不等;1999—2009 年呈前进状态,前进 350～500 m 不等;2009—2021 年呈退缩趋势,平均退缩 100 m。

(8) 其余冰川总体均为平稳退缩型。

1977—2021 年,利用 36 期遥感影像数据对冬克玛底冰川变化情况进行解译,结果表明,面积整体呈现退缩趋势,主要由冰舌退缩所致。在 1977—2021 年,冰川面积由 16.47 km² 减少到 15.29 km²,共减少了 1.18 km²,平均每年减少 0.03 km²;其中 2015—2016 年面积变化最大,退缩了 0.12 km²,1990—1991 年、2011—2012 年冰川面积基本无变化(表 4-8)。

**表 4-8 不同时期冬克玛底冰川面积及变化情况统计表**

| 监测年份 | 冰川面积/km² | 较上年变化/km² | 监测年份 | 冰川面积/km² | 较上年变化/km² | 监测年份 | 冰川面积/km² | 较上年变化/km² |
|---|---|---|---|---|---|---|---|---|
| 1977 | 61.15 |  | 1997 | 59.88 | 0.29 | 2010 | 60.41 | −0.08 |
| 1986 | 60.76 | −0.39 | 1999 | 60.67 | 0.78 | 2011 | 60.35 | −0.06 |
| 1987 | 60.62 | −0.15 | 2000 | 60.53 | −0.13 | 2012 | 60.32 | −0.03 |
| 1988 | 60.5 | −0.12 | 2001 | 60.43 | −0.1 | 2013 | 60.26 | −0.06 |
| 1989 | 60.39 | −0.11 | 2002 | 60.45 | 0.02 | 2014 | 60.04 | −0.22 |
| 1990 | 60.3 | −0.1 | 2003 | 60.78 | 0.33 | 2015 | 59.85 | −0.19 |
| 1991 | 60.13 | −0.17 | 2004 | 60.85 | 0.08 | 2016 | 59.84 | −0.01 |
| 1992 | 60.01 | −0.12 | 2005 | 60.79 | −0.06 | 2017 | 59.8 | −0.04 |
| 1993 | 59.91 | −0.09 | 2006 | 60.73 | −0.06 | 2018 | 59.69 | −0.11 |
| 1994 | 59.51 | −0.41 | 2007 | 60.59 | −0.13 | 2019 | 59.63 | −0.06 |
| 1995 | 59.38 | −0.13 | 2008 | 60.56 | −0.03 | 2020 | 59.17 | −0.46 |
| 1996 | 59.59 | 0.21 | 2009 | 60.49 | −0.07 | 2021 | 59.02 | −0.15 |

**2. 高程变化分析**

针对尕恰迪如岗冰川,对 GF-7 与 ALOS PALSAR DEM 得到的冰川表面高程变化数据进行统计,从而得出冰川的平均高程变化,为估算冰川储量变化提供基础数据。但在进行统计工作之前,首先需要去除冰川表面高程变化中的不可靠像元和奇异值,主要包括以下几类:①原始 DEM 中数据质量不可靠的像元;②坡度值较大的像元,在坡度较大的区域,获取的 DEM 往往会存在较大的高程差异;③冰川高程变化中,绝对值较大的像元;④与 ICESat-2 测量数值相差过大的像元;⑤立体匹配不好的像元。对经过上述 5 步奇异值剔除处理之后的高程变化进行统计分析,根据结果的直方图分布,确定阈值,得到最终高程监测结果。

对冰川整体和单条冰川进行分析,2009—2021 年高程变化结果如下(表 4-9)。

(1) 冰川整体高程变化平均值为 −3.70 m,变化速率 −0.31 m/a,冰川整体处于消融状态。

(2) 冰川高程变化范围在 −40～+20 m 的占比最大,合 −3.33～+1.67 m/a,冰川负增长数量大于正增长数量。

(3) 大部分冰川的冰舌处于消融状态,冰舌前缘消融剧烈,退缩速率可达 4～7 m/a。从冰舌到冰舌高处呈渐进式退缩,但也存在两条冰川的冰舌堆积现象。冰川的山脊坡度较大区域总体为冰川积累区,高程有所增加。

表 4-9 尕恰迪如岗冰川群典型冰川空间变化统计表

| 冰川编号 | 面积变化监测 | | 高程变化监测 | | | | | | 面积变化类型 |
|---|---|---|---|---|---|---|---|---|---|
| | 退缩距离/m | 退缩速率/(m·a$^{-1}$) | 最大退缩厚度/m | 最大退缩速率/(m·a$^{-1}$) | 最大堆积厚度/m | 最大堆积速率/(m·a$^{-1}$) | 平均变化高度/m | 平均变化速率/(m·a$^{-1}$) | |
| 1号 | 450 | 13.24 | 84.96 | 7.08 | 85.00 | 7.08 | −4.16 | −0.35 | 退缩型 |
| 2号 | 330/+350 | 13.75/+29.17 | 51.78 | 4.32 | 83.78 | 7.62 | −0.56 | −0.05 | 先退缩再前进型 |
| 3号 | +350/460 | +25/38.33 | 84.74 | 7.06 | 81.84 | 7.44 | −2.24 | −0.19 | 先前进再退缩型 |
| 4号 | 380 | 11.18 | 42.30 | 3.53 | 52.97 | 4.82 | −3.81 | −0.32 | 退缩型 |
| 5号 | 290 | 8.53 | 78.01 | 6.5 | 75.55 | 6.87 | −2.13 | −0.18 | 退缩型 |
| 6号 | 180 | 5.29 | 72.05 | 6 | 72.36 | 6.58 | −6.36 | −0.53 | 退缩型 |
| 7号 | 150 | 4.41 | 73.19 | 6.1 | 59.34 | 5.39 | −4.20 | −0.35 | 退缩型 |
| 8号 | 1400 | 41.18 | 60.04 | 5 | 71.5 | 6.5 | −0.20 | −0.02 | 退缩型 |
| 9号 | 620 | 18.24 | 67.73 | 5.64 | 58.52 | 5.32 | −4.07 | −0.34 | 退缩型 |
| 10号 | 1750 | 51.47 | 84.65 | 7.05 | 53.73 | 4.88 | −3.68 | −0.31 | 退缩型 |
| 11号 | — | — | 81.53 | 6.79 | 84.99 | 7.73 | −4.88 | −0.41 | 不稳定型 |
| 12号 | — | — | 47.25 | 3.94 | 17.33 | 1.44 | −8.79 | −0.73 | 不明显 |

(4)在一定海拔以下,冰舌的退缩与海拔呈负相关,即海拔越低退缩越剧烈;当海拔达到一定高度后,冰川高程的变化与海拔呈正相关,即海拔越高冰川积累越明显,大约海拔 5700 m 为冰川积累和消融的分界线(图 4-94)。

(5)1号、3号、6号 3 条冰川的最大退缩速率与最大堆积速率几乎相等,5号、7号、9号、10号 4 条冰川的最大退缩速率略大于最大堆积速率,2号、4号、8号、11号 4 条冰川的最大退缩速率略小于最大堆积速率,但平均变化速率均为负值,表明冰川高程总体在减小。

(6)2号冰川在 2009—2021 年平面和高程均属于前进型,11号冰川在平面上在 1986—2021 年冰舌先退缩再前进再退缩,在 2009—2021 年呈退缩状态,但是在高程上 2009—2021 年处于堆积状态。

针对冬克玛底冰川,对数据进行叠加分析,结论如下。

(1)落入冰川区的光子数量共计 3130 个,DEM 的差值有正值也有负值,表明 ICESat-2 监测区在海拔较高的北部区域处于冰雪堆积状态,而在海拔较低的冰舌部分处于消融状态,冰川高程变化在区间 −10~0 m 之间占比最大(图 4-95)。最大退缩和堆积值分别为 −56.91 m 和 34.69 m,最大堆积发生在冰川北部山体高海拔及山体阴坡处,而最大退缩发生在冰川南部冰舌处,从遥感影像可见消融最剧烈处有明显冰痕。

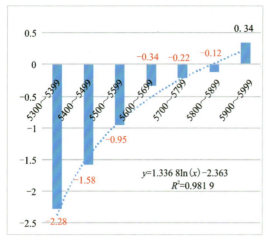

图 4-94　高程变化速率与海拔关系图

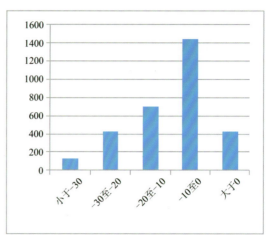

图 4-95　ICESat-2 与 DEM 高程差分布图

（2）由表 4-10 可知，2021 年的数据覆盖范围最为广泛，共 5 期数据，在冰川整体区域均有所监测。8 期监测数据根据监测日期换算监测时长为 12.31～14.8 a，对应监测时长换算年平均变化速率为 －3.97～2.35 m/a，同时 2019 年 5 月 15 日、2020 年 2 月 8 日和 2021 年 11 月 5 日三期数据均监测到小冬克玛底冰川且年均变化速率相当，最大差值为 0.06 m/a；2019 年 11 月 19 日、2021 年 1 月 17 日和 2021 年 5 月 17 日三期数据均监测到大冬克玛底冰川且年均变化速率相当，最大差值为 0.1 m/a。

表 4-10　冰川监测情况表

| 测量时间 | 最大值/m | 最小值/m | 监测时长/a | 最大堆积速率/(m·a$^{-1}$) | 最大退缩速率/(m·a$^{-1}$) | 监测区域 |
| --- | --- | --- | --- | --- | --- | --- |
| 2019 年 5 月 12 日 | 11.27 | －23.72 | 12.31 | 0.92 | －1.93 | 冰川东部 |
| 2019 年 11 月 19 日 | 11.69 | －42.44 | 12.83 | 0.91 | －3.31 | 冰川中部 |
| 2020 年 2 月 8 日 | 12.51 | －24.24 | 13.05 | 0.96 | －1.86 | 冰川东部 |
| 2021 年 1 月 17 日 | 12.8 | －43.76 | 14.00 | 0.91 | －3.13 | 冰川中部 |
| 2021 年 2 月 6 日 | 11.41 | －19.84 | 14.05 | 0.81 | －1.41 | 冰川西部 |
| 2021 年 5 月 17 日 | 16.94 | －56.91 | 14.33 | 1.18 | －3.97 | 冰川中部 |
| 2021 年 10 月 17 日 | 34.69 | －32.67 | 14.75 | 2.35 | －2.21 | 冰川西部、东部 |
| 2021 年 11 月 5 日 | 11.45 | －28.4 | 14.80 | 0.77 | －1.92 | 冰川东部 |

（3）根据冰川海拔分布，依次以 100 m 等高距展示不同海拔范围内冰川高程平均变化速率，因 5300 m 海拔以下已基本无冰川，只讨论大于 5300 m 范围的冰川变化与海拔的关系。从整体来看，冰川在监测区范围内的变化速率范围为 －3.97～2.35 m/a，冰川高程平均变化速率随着海拔的增加逐渐减小，冰川高程平均变化速率与海拔保持很好的对数关系，回归方程为 $y=1.336\,8\ln(x)-2.363$。

（4）海拔 5700～5800 m 为冰川的积累和消融过渡区，海拔小于 5700 m 时随着海拔降低消融逐渐剧烈，尤其在 5400 m 以下的冰舌退缩速率大多大于 2 m/a；海拔大于 5800 m 为冰川积累区。

（5）冰川在分冰岭出现最大堆积，在大冬克玛底冰川冰舌处出现最大退缩。

总体上，大冬克玛底冰川冰舌海拔小于小冬克玛底冰川，冰舌年均退缩速率和监测期冰舌减薄程度均大于小冬克玛底冰川，大冰川冰舌海拔低于小冰川。下面分别对大冬克玛底冰川和小冬克玛底冰川进行监测分析。

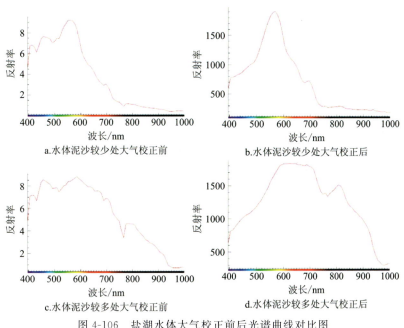

图 4-106 盐湖水体大气校正前后光谱曲线对比图

**2. 实测数据处理**

本次野外采样点共设置 30 个,每个采样点实测 10 次光谱,最终光谱曲线为平均曲线,同时在采样点位置进行溶解氧和总磷含量测定,测量多次取平均值。以 20 组实测溶解氧和总磷数据为建模依据,10 组为模型精度验证依据,盐湖集团实测数据为后续沟通获取,共 5 组数据。

**3. 反演建模及精度评价**

从研究区影像可以看出周边为戈壁滩、盐碱地,大量盐田分布在盐湖南部,属典型内陆盐湖。影像无明显云雪覆盖,地物清晰可见,数据质量良好,而且一景影像即可覆盖整个研究区域,可减小影像镶嵌的误差影响,提高模型反演精度。本次实测点位的选择以实地条件为基础,均匀分布在整个湖区确保模型建立的精度,但因为条件有限以及受自然因素的影响,无法深入盐湖中心位置。

利用 20 组实测数据建立的相关性分析如图 4-107 所示,盐湖原始水体光谱特性与溶解氧含量相关性不是很高,最高处为 490 nm 处,负相关最大,为 $-0.28$,相关性极差。

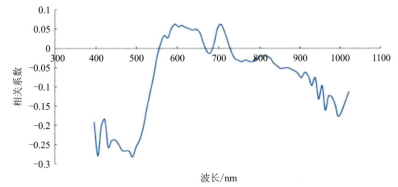

图 4-107 盐湖原始光谱反射率与溶解氧含量的相关性

一阶导数光谱反射率、二阶导数光谱反射率建立的溶解氧数据相关性也不高,一阶导数变换会凸显盐湖矿化信息,对于具有复杂光学特性的盐湖水体水质监测无益。对数、倒数等几类模型经过对比,决定系数都不高,不具有参考意义。

从实测数据以及影像光谱曲线来看,水体光谱在 670 nm、760 nm 附近有明显吸收谷,690 nm、800 nm 附近有反射峰,以此为入手点建立具有盐湖特性的溶解氧模型具有实际意义。利用这两处吸收谷与反射峰,进行多波段测试,寻找最高相关系数的波段组合。以 679 nm、696 nm、765 nm、808 nm 为组合元,进行反射峰与吸收谷的波段相除、反射峰相加除吸收谷等组合方式,最终获得以下 3 个相关系数图(图 4-108),可以看出 679 nm 和 696 nm 两波段组合下的溶解氧相关性最高,达到了 0.75,比四波段组合相关性还要高。基于以上两波段组合的最高相关性,建立针对盐湖光谱特性的溶解氧反演模型:$y=346.07x^2-684.24x+345.39$,通过计算也可得出模型决定系数 $R^2=0.9486$,建立的溶解氧多项式模型吻合度非常高(图 4-109)。

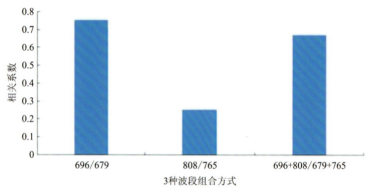

图 4-108　盐湖光谱多波段组合反射率与溶解氧含量的相关性

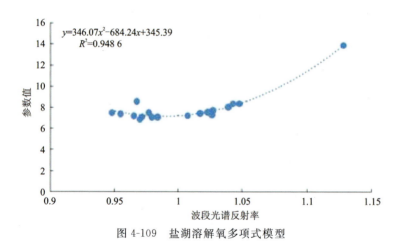

图 4-109　盐湖溶解氧多项式模型

利用建立的模型将剩余的 11 组数据拿来进行模型精度验证。表 4-12 是本次野外实测的 10 组数据以及利用模型进行的预测数据。

表 4-12　10 组实测数与预测数据对比验证表

| 组别 | 实测值 | 预测值 | 组别 | 实测值 | 预测值 |
| --- | --- | --- | --- | --- | --- |
| 1 | 7.09 | 7.19 | 7 | 9.33 | 9.29 |
| 2 | 7.37 | 7.39 | 8 | 9.53 | 9.49 |
| 3 | 7.9 | 7.89 | 9 | 9.95 | 9.91 |
| 4 | 7.96 | 7.95 | 10 | 10.3 | 10.27 |
| 5 | 8.4 | 8.37 | 11 | 10.44 | 10.4 |
| 6 | 0.06 | 0.07 | | | |

对两组数据进行线性回归分析可以看实测值与预测值拟合程度极高,$R^2$ 指数达到 0.999 4,说明本次研究建立的模型精度达到可以进行盐湖反演的要求,能够在一定程度上代表盐湖水体现阶段溶解氧含量。

将光谱反射率与总磷含量进行相关性分析,在 400～650 nm 范围内,总磷含量和各波段反射率之间呈正相关关系,相关程度最大为 0.85,出现在 576 nm 处;在 650 nm 之后相关性转为负相关关系,最大相关程度为 −0.81,出现在 962 nm 处。如图 4-110 所示,在 450～600 nm、700～1000 nm 范围内,总磷含量与盐湖水体光谱相关性较强,和溶解氧含量的相关性比,总磷含量的相关性强,可作为反演模型的波段选择,故在此不寻找最好相关系数的波段组合。

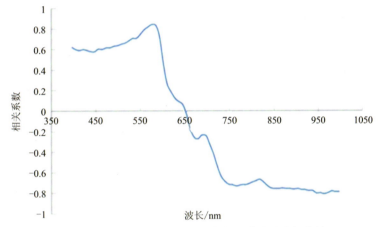

图 4-110　盐湖原始光谱反射率与总磷含量的相关性

经过一阶导数处理变换去噪后的光谱曲线在 550 nm 波段之前的总磷含量在大部分波段相关性较好,呈现正相关关系,最大相关程度为 0.87,出现在 524 nm 处,在 600～8750 nm 之间大部分波段相关性良好,为负相关关系,最大处为 722 nm,达到了 −0.92。

二阶微分处理变换去噪后的光谱曲线在 450～550 nm、600～850 nm 两个波段之间都有较好相关性,虽有部分波段区间相关性不能达到 0.6 以上,但整体相关性都维持在良好的水平线之上,正相关、负相关关系交叉出现,其中最大相关程度为 −0.94,出现在 713 nm 处。

根据对原始盐湖光谱曲线的相关性分析,总磷含量在 585 nm、696/679 nm 和 765 nm 处有着极高的相关性,以此为依据进行总磷含量原始光谱拟合方程的建立。建立的单波段 585 nm 总磷含量指数、线性、对数、多项式方程的决定系数 $R^2$ 指数都在 0.7 以上,满足反演的拟合程度;建立的单波段 765 nm 总磷含量指数、线性、对数、多项式方程的决定系数 $R^2$ 指数不足 0.6,无法满足反演的拟合程度,因此排除该单波段建立的拟合方程;波段比值模型下的总磷含量指数、线性和对数方程中决定系数 $R^2$ 都在 0.65 以上,而多项式拟合方程决定系数达到了 0.76,与单波段 585 nm 处建立的多项式模型同为本次建模决定系数最高的两个模型。

总磷含量波段比值模型下的预测值与实测值回归方程,$y=1.125x-0.005$,决定系数 $R^2$ 指数为 0.778 8,对实测值与预测值进行的标准误差分析,最终的标准误差为 0.015 166,表明线性回归方程拟合精度良好,满足本次反演模型的精度需求(图 4-111)。

利用建立的模型将剩余的 7 组数据进行模型精度验证。表 4-13 是本次野外实测的 7 组数据以及利用模型进行的预测数据。对两组数据进行线性回归分析可以看出实测值与预测值性拟合程度较高,$R^2$ 指数达到 0.778 8,说明本次研究建立的模型精度达到可以进行盐湖总磷浓度反演的要求,能够在一定程度上代表盐湖水体现阶段总磷含量的多少。

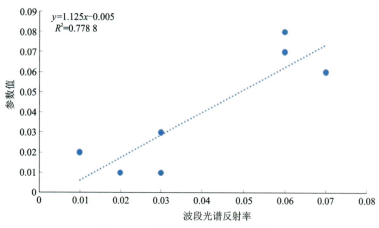

图 4-111　盐湖总磷含量多项式模型

表 4-13　7 组实测数据与预测数据对比验证表

| 组别 | 实测值 | 预测值 | 组别 | 实测值 | 预测值 |
| --- | --- | --- | --- | --- | --- |
| 1 | 0.01 | 0.02 | 5 | 0.06 | 0.07 |
| 2 | 0.02 | 0.01 | 6 | 0.06 | 0.08 |
| 3 | 0.03 | 0.01 | 7 | 0.07 | 0.06 |
| 4 | 0.03 | 0.03 | | | |

## 四、结果与分析

### 1. 反演结果

利用建立的溶解氧和总磷反演模型，对 2020 年 3—4 月影像进行的高光谱反演结果如图 4-112 所示。

基于资源一号 02D 图像反演的达布逊盐湖溶解氧结果空间展布呈水平分布不均状态，从盐湖溶解氧含量浓度及空间分布特征来看，3 月达布逊盐湖溶解氧含量浓度为 7.09～13.01 mg/L，大部分的浓度区间为 12.16～13.01 mg/L，高浓度区域主要分布于盐湖中心及邻近北岸地区，低浓度区域沿高浓度区域环形展布，入湖口处的溶解氧含量浓度也相对较高；4 月的盐湖水体溶解氧含量浓度区间为 5.09～11.12 mg/L，大部分的浓度区间为 5.09～9.20 mg/L，高浓度区域主要分布于盐湖入湖口及邻近南岸地区，且多沿水体流动方向展布。总体来说，3 月达布逊盐湖溶解氧含量浓度较 4 月浓度高，水温应是影响溶解氧含量的重要因素，温度与溶解氧存在一定的反比关系，随着水体温度升高，溶解氧含量浓度降低，水体温度降低溶解氧含量浓度升高[图 4-112(a)、(b)]。

从达布逊盐湖总磷含量及空间分布特征来看，3 月达布逊盐湖总磷浓度为 0.04～0.09 mg/L，4 月份盐湖水体总磷含量大部分为 0.02～0.06 mg/L。总磷含量 3 月相比 4 月浓度高，浓度分布区域与溶解氧浓度分布区域有一定的相似之处。因还存在结冰现象，周围土壤尚未融化，盐湖水体未受到影响，水体稳定，而且经过一冬天的积累，含量偏高，符合客观规律；4 月份因浮冰消融，土壤解冻，对盐湖水陆交界处水体影响较大，河水逐渐流入湖中，总磷整体浓度降低，部分地区甚至无法测出与盐湖集团测量的具体数值一致。

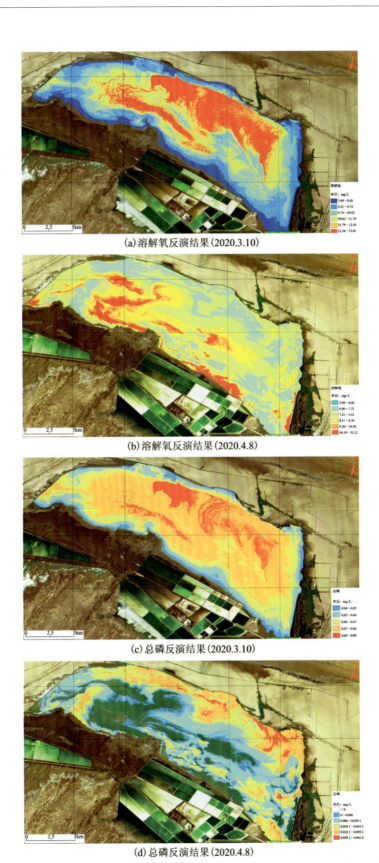

图 4-112 基于资源一号 02D 卫星图像反演的达布逊盐湖溶解氧含量、总磷浓度分布图

达布逊盐湖溶解氧含量和总磷浓度反演结果也表现为明显的水体流动特征,入湖水从盐湖西侧以及南侧几处注入,在湖区形成水体迂回区,该部分为盐湖溶解氧含量较高处,随后部分流向转变为自西向东,该部分溶解氧含量也相对较高,而受水流影响较小处溶解氧含量和总磷含量稳定,无太大变化。反演的总磷浓度分布从结果上看也具有明显的水体流动特征,从入湖口注入,在湖区形成水体迂回区,随着水流堆积到湖边,故湖中总磷浓度相对较低,湖边总磷浓度相对较高,但与溶解氧浓度相对比,总磷浓度含量较低。

根据上述研究,本研究选取了5个盐湖集团实测数据与模型预测数据进行对比,结果如下:表4-14为盐湖集团实测盐湖实测点坐标、溶解氧含量、总磷含量以及根据模型计算得到的预测值;图4-113、图4-114为盐湖集团实测数据与预测数据线性回归分析。

表4-14 盐湖集团实测数据与模型预测数据对比

| 实测点 | 经度 | 纬度 | 溶解氧实测值/(mg·L$^{-1}$) | 溶解氧预测值/(mg·L$^{-1}$) | 总磷实测值/(mg·L$^{-1}$) | 总磷预测值/(mg·L$^{-1}$) |
|---|---|---|---|---|---|---|
| 1 | 95°5′44.99″ | 37°1′5.27″ | 8.9 | 8.7 | 0.04 | 0.03 |
| 2 | 95°6′2.17″ | 37°1′19.17″ | 9.8 | 9.2 | 0.03 | 0.04 |
| 3 | 95°5′59.83″ | 37°1′26.60″ | 8.2 | 8.8 | 0.03 | 0.02 |
| 4 | 95°5′32.88″ | 37°1′25.63″ | 7.7 | 7.8 | 0.04 | 0.04 |
| 5 | 95°5′44.99″ | 37°1′49.23″ | 7.3 | 7.6 | 0.03 | 0.05 |

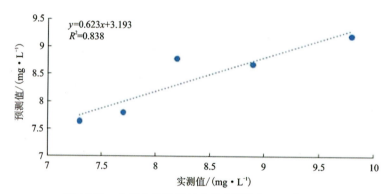

图4-113 盐湖水体溶解氧含量实测值与预测值分析

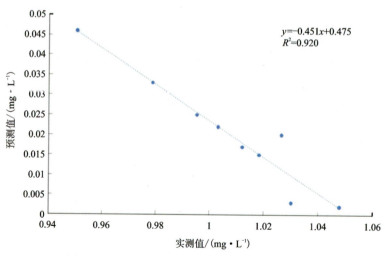

图4-114 盐湖水体总磷含量实测值与预测值分析

上述结果表明,基于资源一号02D高光谱数据反演的研究区溶解氧含量、总磷含量的浓度空间分布比较合理。盐湖具有鲜明的光谱特性,与淡水湖甚至淡咸水湖都有所不同,而其鲜明的特性也是盐湖高光谱反演的重点。普通淡水湖可以通过单波段来寻找水质参数的相关性,甚至在相关性不明显的情况下对光谱曲线进行一阶、二阶导数来寻找部分水质参数的相关性,但盐湖因其水体富含各种矿物离子,水体关系复杂,常规性的关系无法寻找到一个良好的相关性支撑点,而本次研究针对盐湖水体光谱特征,反而可以建立一个相对准确,甚至是具有长效性的反演模型,为后续针对盐湖的高光谱反演提供了一定的技术依据。

**2. 结果分析**

从盐湖溶解氧含量浓度及空间分布特征来看,4月盐湖溶解氧含量浓度大部分在7.27~7.76 mg/L之间,少部分溶解氧含量在7~13 mg/L之间。从盐湖总磷含量及空间分布特征来看,4月份盐湖水体总磷含量大部分在0.02~0.04 mg/L之间,少部分总磷含量在0.4~0.8 mg/L之间。整体含量较11月数据偏低;分布情况与入湖水体流向等因素关系密切。结合实际以及反演结果,分析主要受以下因素影响:

(1)水位面积变化对水质参数的影响。根据学者常年监测和相关研究资料,水位变化对水体理化因子有较大的影响;还有学者发现在洪水期水体理化因子含量显著增大,枯水期则相反。因此可以知道水位与水质有着密切的关系,水位变化是影响湖泊水质参数变化的重要因素。以往的调查资料显示,察尔汗盐湖动态变化比较稳定。一般水位变化幅度0.1~0.4 m,每年1月底至4月初出现最低水位,8—9月中旬出现最高水位。地表卤水及地下水位变幅较大,主要受补给的地表水径流控制。本次对2020年察尔汗盐湖地区进行的遥感动态变化解译工作表明,达布逊湖3月面积为317.525 km$^2$,7月面积为340.617 km$^2$,10月面积为323.863 km$^2$,与历史调查资料吻合,具有明显的动态变化特征。从4月开始地表水径流量逐渐增大,盐湖水位面积逐渐增加。因此与11月相比,4月溶解氧含量和总磷含量相对较低,与国内外水位变化对水质参数的影响研究结果一致。

(2)入湖水体流量变化对水质参数的影响。学者对潘阳湖水体流量的变化监测显示,到了湖水丰水期,水体入湖流量增大,提高了湖水对水质参数的迁移转化作用,减少了水质参数的堆积。丰水期流量大,到湖区扩散,流速减慢,总磷、总氮等含量相应减少,而枯水期水体流量减少,流速加快,总磷、总氮含量相应增加。历史调查资料显示,察尔汗盐湖共有流域面积13.2×10$^4$ km$^2$,约为柴达木盆地总内陆流域面积25.5×10$^4$ km$^2$的一半。北部的阿木尼克山和锡铁山,海拔较低,没有超过区域雪线高度,因而没有冰雪融水补给的常年性河流,雨水贫乏,水分不足。区内达布逊湖注入湖区的常年性河流格尔木河的补给水量占75%以上。盐湖周边的主要河流,除北部的全集河外,其余全部发源于南部的昆仑山区,由天然降水和冰雪融水补给。历史调查资料显示,3—4月高山冰雪逐渐开始融化,格尔木河的补给量增大,注入盐湖的水流量增大,这也是盐湖水位面积上涨的主要原因。本次反演的溶解氧含量浓度分布从结果上看具有明显的水体流动特征,入湖水从盐湖西侧以及南侧几处注入,在湖区碰撞形成水体迂回区,该部分为盐湖溶解氧含量浓度较高处,随后部分流向转变为自西向东,该部分溶解氧含量浓度也相对较高,而受水流影响较小处溶解氧含量浓度和总磷含量稳定,无太大变化。反演的总磷浓度分布从结果上看也具有明显的水体流动特征,从入湖口注入,在湖区碰撞形成水体迂回区,随着水流堆积到湖边,故湖中总磷浓度相对较低,湖边总磷浓度相对较高,但与溶解氧含量浓度相对比,总磷浓度含量较低,与实际情况符合。

(3)含沙量对水质参数的影响。河流径流给湖泊带来大量的泥沙,泥沙含量的变化将对湖泊水质产生影响。相关学者对各个湖泊的变化监测结果显示,悬浮泥沙在含量增大时,TSS(总悬浮物)增大,与之相反的SD(透明度)值减小,其他吸附在悬浮物的水质参数也会相应地增大,当含沙量减少时,TSS也减少,SD增加,其他吸附在悬浮物的水质参数也会相应地减少。从本次高原盐湖的高光谱反演结果来看,河流入湖处溶解氧含量和总磷含量较高,与其他学者的研究结果一致,说明溶解氧和总磷在河流携带的泥沙上存在部分吸附,随水流进入湖区中,导致湖区河流入湖处含量偏高,与实际情况相对吻合。

## 五、结论

(1)本次针对高原盐湖的高光谱溶解氧和总磷反演模型开展研究,既是对国产资源一号02D卫星在水体高光谱应用方面的一次应用验证,也为高原盐湖水体高光谱反演奠定了一定的基础,就反演结果来看,符合实际情况,具有一定的适用性。

(2)针对具有鲜明特性光谱曲线的盐湖水体,从其特性建立反演模型更为便捷、准确,在面对复杂光学特性的水体时,从其光谱特点出发可以更为有效地建立模型,而且这种特性正是高光谱遥感所追求的将不同物质分开的根本所在,利用这种物质特性,采用不同的数学方法,甚至深度学习,可能是一种更为有效的高光谱反演手段。

(3)青藏高原作为"中华水塔",有着不可忽略的重要地位,如今淡水领域的高光谱研究日益完善,但针对高原盐湖的高光谱研究极为稀少,本次研究对建立高原盐湖遥感监测体系有着重要意义。然而,由于资源一号02D卫星的重访周期长(大约55 d),大范围和多频次的水体监测需求难以得到满足。考虑后续发射的高光谱卫星,未来有望通过多星组网提升监测能力。

# 第七节 资源一号02D卫星地质矿产应用成效

高光谱技术对地物精细的光谱特征和地物之间的内在联系进行探测,开创了遥感利用地物细分光谱的"指纹效应"直接进行地物属性识别与信息量化提取的新局面。近年来,我国高光谱应用技术研究深入发展,不仅深化了地质学的基础研究,而且推动了遥感地质填图从岩性填图到矿物填图的飞跃,提高了矿产资源与地质环境遥感评价的精准度(闫柏琨等,2005;甘甫平等,2007),使其成为地学遥感领域的热点与主要技术手段,在矿产资源和油气资源调查方面进行典型应用(任广利等,2013;李志忠等,2015;董双发等,2017;甘甫平等,2018;韩海辉等,2018;任广利等,2018;董新丰等,2020)。但国产高光谱数据应用相对较少,长期以来,未有足够的数据保障,高光谱遥感应用一直处在以航空为基础的研究发展阶段,对其数据的研究和应用还十分有限,也没有对现有数据信息进行充分的利用。2019年9月12日,5米光学卫星01星(资源一号02D卫星)成功发射为国产高光谱数据应用提供了数据保障,但数据在地质矿产方面的可用性有待进一步分析和验证。本研究选择青海省茫崖市冷湖镇东地区、格尔木市大格勒沟地区和都兰县各玛龙银多金属矿区分别开展高光谱矿物识别与矿物填图、高光谱成矿预测等应用研究,以期为未来地学应用高光谱遥感器的体系化发展提供参考和支持。

## 一、高光谱遥感数据预处理

通过辐射定标、辐射校正、大气校正、几何校正等一系列光谱重建工作,获得一幅具有地理编码信息的地物真实反射率影像,由此获得的影像是利用高光谱技术进行地物分类和定量、半定量反演的基本图件。

资源一号02D卫星是空基规划中部署建设的高光谱业务卫星,属于自然资源部主持建造的中分辨率对地观测星座,单星轨道回归周期为 55 d,组网条件下可实现最快 2 d 的全球对地重访观测。5 米光学卫星 01 星(资源一号 02D 卫星)是资源一号 02C 卫星的接续星,设计寿命 5 a。该星配置可见近红外相机和高光谱相机两型载荷,其特点是大幅宽观测和定量化遥感信息获取。通过所搭载的两台相机,可有效获取 115 km 幅宽的 9 谱段多光谱数据以及 60 km 幅宽的 166 谱段高光谱数据,其中全色谱段分辨率可达 2.5 m、多光谱为 10 m、高光谱优于 30 m,高光谱载荷可见近红外和短波红外光谱分辨率分别达到 10 nm 和 20 nm。通过青海省自然资源卫星应用技术平台收集青海省格尔木市大格勒沟地区的高光谱数据,图谱立方体既有二维空间影像特征,又有一维光谱特征(图 4-115)。青海省自然资源卫星应用技术平台入库的是 L1 级产品,均进行了预处理和辐射校正,但数据本身仍存在较多坏线、坏点、条带噪声。因此,为了从遥感影像中获得矿物的真实光谱信息,在 ENVI 平台上对 AHSI 高光谱数据进行了坏线、条带修复、数据定标、波段筛选和水汽吸收波段标注、辐射校正、大气校正、几何校正等预处理,以减少光谱重建过程中大气反射、散射等造成的图像失真现象。

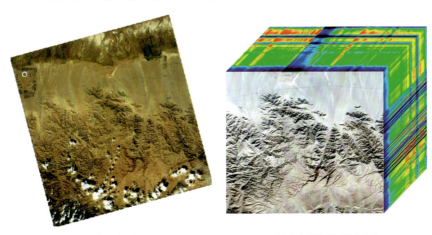

(a) 高光谱影像　　　　　　　　(b) 高光谱数据图谱立方体

图 4-115　青海省格尔木市大格勒沟地区资源一号 02D 卫星高光谱影像

### 1. 坏线、条带修复

高光谱数据中存在许多整列的坏线和条带,在 SWIR 波段更为普遍,坏线表现为像元 DN 值为 0 或非常小,而条带主要是由传感器固有系统噪声造成,规律性排列。这些坏线和条带严重干扰了矿物的真实光谱信息,基于最小临近插值法,直接对 VNIR 波段和 SWIR 波段进行坏线和条带修复(图 4-116)。

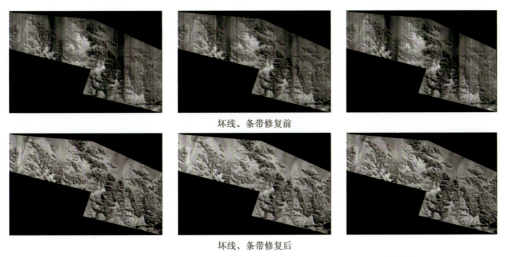

图 4-116　大格勒沟地区 SW 波段内的 174、175、176 波段影像特征

## 2. 数据定标

成像光谱仪的应用以数据的定量化为基础,因此仪器的定标不可或缺。同时,由于环境、温度、外界冲击等的影响和成像光谱仪自身光学、机械、探测器性能的变化,其系统响应也会在使用过程中发生变化,因而高光谱遥感定标是利用高光谱数据进行定量分析、信息提取和遥感应用的关键一步,也是精确光谱匹配的必要前提。

根据高光谱 L1 级产品中自带的辅助性文件,分别对 VNIR 波段和 SW 波段数据进行增益量、偏移量、半高宽及中心波长等数据定标参数的设置,实现数据定标。

## 3. 波段筛选和水汽吸收波段标注

在 ENVI 平台上对高光谱数据仔细分析,筛选出条带修复后仍存在噪声的少数波段,近红外与短波红外重叠的波段、水汽吸收波段标注为坏波段(去除),不参与后期图像处理与分析,保留数据质量好的波段,确保之后的遥感影像分析和蚀变矿物信息提取的准确性。

## 4. 辐射校正

辐射校正是将传感器接收地物的 DN 值转化为入瞳处的辐射亮度值,该值既包含了地物的反射率值,也包含大气、大气中的水分子、颗粒等物质的反射、散射值,利用 ENVI 平台上的 Radiometric Calibration 模块,默认比例因子为 0.1,进行辐射定标转换,得到该区域绝对辐射亮度图像(图 4-117)。从图中可见 780 nm 处氧分子的吸收特征,1120 nm、1400 nm、2100 nm 三处 $CO_2$ 分子的吸收特征明显,辐射校正效果佳。

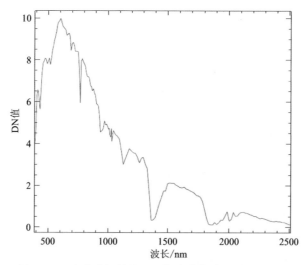

图 4-117 高光谱辐射校正地物光谱曲线(大气校正前)

## 5. 大气校正

大气校正的目的是消除光谱在大气传输过程中因大气散射、吸收、反射引起的误差,将绝对辐射亮度值转换为地表实际反射率图像。ENVI 平台的 FLAASH 模块,能很好地模拟光谱在大气中的传输过程,在 1130 nm 附近采用比值法反演水汽含量,选用中纬度地区夏季大气模型,2—Band(K-T)气溶胶去除方法进行气溶胶反演,从而进行大气校正,最终大气能见度(visibility)是 25 km,大气平均含水量(averge water amount)为 1.506 cm,通过查看大气校正后的影像图,任意地物的光谱曲线连续光滑,特别岩矿光谱曲线诊断性吸收谷位置准确、吸收谷形态明显(图 4-118a),大气校正后的水汽图像上看不到明显地物(图 4-118b),表明大气校正效果好。

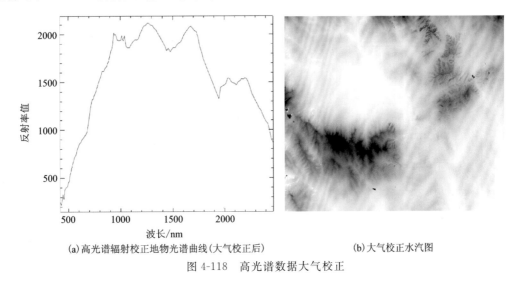

(a)高光谱辐射校正地物光谱曲线(大气校正后)　　　(b)大气校正水汽图

图 4-118　高光谱数据大气校正

**6. 几何校正和正射校正**

几何校正是通过与基准影像图进行自动配准,再赋予影像图与基准影像为同一个地理坐标系统,同时纠正高光谱影像图上同名点的地理误差;正射校正是几何校正的最高级,通过与 DEM 数据进行匹配,纠正地形引起的高光谱影像图的畸变,消除地形对数据的影响。

## 二、高光谱遥感矿物识别方法分类

高光谱矿物识别的基本原理是高光谱遥感数据的重建与矿物标准光谱或实测光谱的定量对比分析。从岩矿信息提取的角度分析,国内外发展的光谱识别方法从本质上可归纳为三大类:①以重建光谱与标准光谱相似性度量为基础的光谱识别方法;②以岩矿光谱吸收谱带特征参量为基础的特征参量提取法;③以矿物学和矿物知识为基础的智能识别方法。

### (一)基于光谱相似性度量的矿物识别方法

高光谱数据具有波段多、光谱分辨率高的优点,这也导致高光谱数据波段间具有高相关性,信息冗余量大,严重影响数据处理效率,传统的多光谱数据处理方法明显不适用于高光谱数据,而对高光谱数据波段去相关性的同时,进行降维降噪处理,然后提取端元波谱,利用高光谱图像解混模型,对矿物进行定性识别和相对丰度的定量反演,是目前星载高光谱通用处理方法之一,该方法最核心的问题是端元波谱的识别和混合像元解混,其技术流程如图 4-119 所示。

**1. MNF 变换**

通过最小噪声分离变换(MNF 变换),进行噪声与信号分离,可将高光谱信息集中到前十几个波段特征集中(图 4-120),从图中可见前 20 个波段特征值相对变化较大,且曲线下降速度最快,从第 20 波段以后,曲线为一条直线,特征值几乎不变,说明经 MNF 变换后,前 20 个波段集中高光谱影像中绝大部分信息,第 20 波段以后基本为噪声,其中第 1 波段为光谱背景,选取 MNF 变换后的 1~20 波段进后续处理。

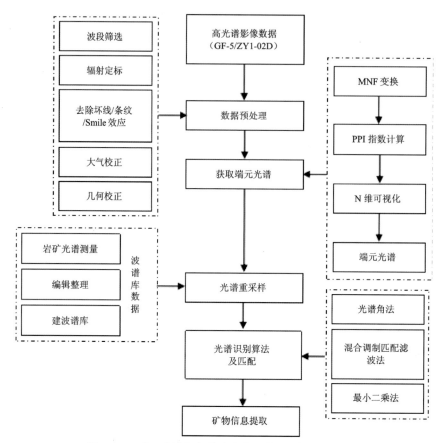

图 4-119 基于光谱相似性度量的矿物识别技术流程图

### 2. 纯净像元指数法

纯净像元是相对混合像元而言，代表纯地物类型，是不能再分的单元，也叫端元，利用 PPI 指数法，通过多次对阈值的修改，调整 PPI 指数迭代次数，达到提取最多纯净像元的目的(图 4-121)，通过多次阈值和迭代次数的调整，最终确定阈值为 2.5，迭代次数为 250，提取纯净像元个数设置为 10 000。

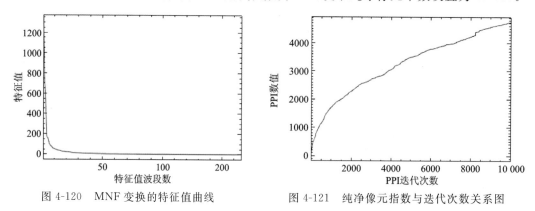

图 4-120 MNF 变换的特征值曲线　　图 4-121 纯净像元指数与迭代次数关系图

### 3. N 维可视化端元选取

在 N 维可视化工具进一步提取纯净像元(图 4-122)，确定端元波谱，在 N 维散点图中通过自动聚类的方法，最终从 10000 个纯净像元中提取出端元波谱，通过物质识别工具与标准波谱库矿物进行匹配，在匹配过程中利用 ACE、Likelihood、FP Correlation、Knd-R Correlation 四种不同算法对波谱曲线的匹配状况进行打分,端元波谱指定为得分最高者所对应的矿物名称。

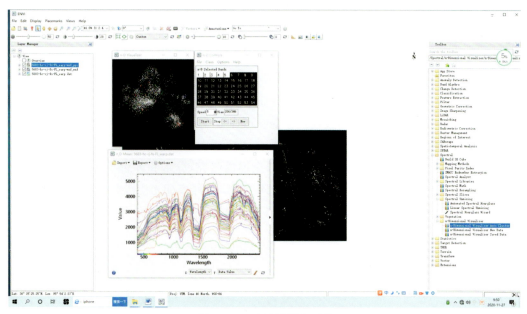

图 4-122　N 维可视化工具

**4. 端元光谱选取**

目前端元选择主要有 3 种:①采用实验室或者野外实测地物的光谱曲线作为端元波谱;②直接从标准波谱库中挑选端元波谱(岩矿主要采用 USGS 标准波谱库);③直接或间接地从遥感影像图中提取端元波谱。第①种方法获取端元波谱成本相对较高,第②种方法从 USGS 标准波谱库中挑选端元波谱是在实验室的特殊环境下测得,岩矿因发育过程和发育状态不同,其成分、结构及光谱特征会产生一定差异,使光谱具有地理区域特征,从波谱库中挑选的端元波谱与资源一号 02D 卫星数据获取方式和环境条件差异较大,可能导致在后期端元光谱识别时出现较多不确定性,所以本次采用第③种方法,通过对高光谱数据的 MNF 变换、纯净像元(PPI)指数、N 维可视化获得端元波谱。

**5. 基于 MNF 的 MFTM 混合像元分解法进行蚀变矿物信息提取及丰度反演**

混合调制匹配滤波(MFTM)进行蚀变矿物信息提取和矿物丰度(相对含量)的定量反演。其过程为获取端元波谱后,利用 MFTM 混合像元分解算法在每个像素中获取每个端元波谱的相对丰度图,最后从丰度图上提取不同组成比例的像元,其技术流程如图 4-123 所示。使用混合调制匹配滤波工具运行时,同时把不可行性图像添加到结果中,不可行性图像用于减少使用匹配滤波时会出现的"假阳性"像元的数量。该方法的结果是每个端元波谱对比每个像元得到的 MF 匹配图像以及相应的不可行性图像,用二维散点图识别 MF 匹配值高且不可行性低的像元,即为正确匹配的像元。

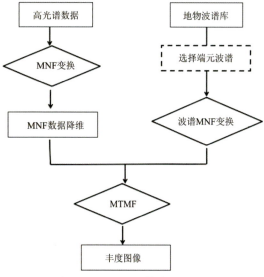

图 4-123　MFTM 技术流程图

## (二)基于岩矿光谱特征参量的矿物识别方法

岩矿光谱特征和变化规律及其影响因素是矿物识别的依据和基础,在蚀变矿物的吸收谱带中,除了1400 nm和1900 nm波长附近有水和$OH^-$基团吸收谱带外,一般都存在一个强度较大的主要谱带(诊断谱带)。例如,$CO_3^{2-}$络阴离子的最大吸收光谱特征位于2315～2386 nm附近;1000 nm附近宽缓特征为Fe离子的吸收谱带;Mn离子的特征吸收位于500 nm;$Al$与$OH$基团主要吸收特征位于2200 nm附近;Mg-OH键振动产生的主要吸收谱带位于2300 nm附近,对由观测角、颗粒度、风化程度及化学成分等因素引起的岩石和矿物光谱变异特征和规律进行全面的研究,分析和评价了一些常用光谱参量对数据质量的敏感性和不同条件下稳定性对矿物识别的影响,认为可表征光谱吸收谱带特征的参量有:谱带的吸收波长位置($P$)、深度($H$)、宽度($W$)、斜率($K$)、面积($A$)、对称度($S$)等,在诸多参量中,最稳定者为吸收波长位置($P$)和主次序列关系。

### 1. 光谱吸收谱带特征参量

每一个光谱吸收特征可以由光谱吸收波谷及两个吸收肩部$S_1$和$S_2$组成,各光谱吸收特征参数均使用包络线去除后的光谱进行计算,各参量的计算方法如下:吸收波谷位置($P$)是吸收谱带反射率最低处的波长;吸收反射率($R_P$)指的是吸收波谷位置处的反射率值。

吸收宽度($W$)定义为吸收谱带两肩的波谱带宽度,计算公式为:

$$W = \lambda_2 - \lambda_1 \tag{4-4}$$

式中,$\lambda_1$和$\lambda_2$分别为吸收左肩和吸收右肩的波长。

吸收对称度($S$)是指过吸收波谷位置垂线左右两部分的对称程度,可用左(右)肩部距谷底的波长宽度与吸收宽度之比表示:

$$S = (\lambda_1 - P)/W \tag{4-5}$$

吸收深度($H$)是指某一波段吸收范围内极小值的反射率值与1之差,如下所示:

$$H = 1 - R_P \tag{4-6}$$

吸收面积($A$)是指吸收带曲线与两侧吸收肩部连线所围成的面积,是吸收深度一半处吸收峰的宽度与吸收深度的乘积,如下所示:

$$A = H \times W/2 \tag{4-7}$$

$S_1$表示吸收谱带左侧的起始波长位置,称为吸收左肩位置,其计算方法为首先取$P$所在的波长位置作为初始值$K[1,50]$,后由吸收波谷位置向左侧逐渐递减,直至满足式(4-8)为止,此时所在的波长位置即为吸收左肩位置,式(4-6)的$R_P$为$K$波长位置处的反射率。

$S_2$表示吸收谱带右侧的终止波长位置,称为吸收右肩位置,同样,以$P$所在的波长位置作为初始值$K$,后由吸收波谷位置向右侧逐渐递增,直至满足式(4-8)为止,此时所在的波长位置即为吸收右肩位置。

$$|1 - R| = 0 \tag{4-8}$$

吸收斜率$K$定义为吸收谱带左、右两侧吸收肩部间连线的斜率,则:

$$K = (R_2 - R_1)/(\lambda_2 - \lambda_1) \tag{4-9}$$

式中,$R_1$和$R_2$分别为吸收左肩和吸收右肩的反射率。

光谱吸收指数SAI是指非吸收基线和吸收波谷底垂线交点的反射率与吸收反射率的比值,即

$$SAI = [W \times R_1 + (1 - W) \times R_2]/R_P \tag{4-10}$$

**2. 光谱特征参量的矿物识别技术流程**

在光谱特征参量提取的基础上，利用构建的矿物识别模型，进行矿物信息识别。其技术流程叙述如图 4-124 所示。

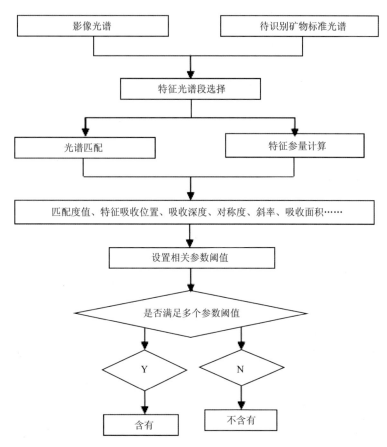

图 4-124　基于光谱特征参量的矿物识别技术流程图

（1）预处理的反射率数据进行 MNF 变换，对数据做初步降噪；然后进行包络线去除，目的是将光谱取值调整到 0~1 范围，再采用 S-G 局部滤波算法对去包络线数据做进一步的平滑处理，消除噪声干扰。

（2）利用编写的光谱特征参数计算公式程序，提取光谱特征吸收位置、吸收深度、对称度、斜率、吸收面积等特征参量。

（3）对 USGS 波谱库矿物的光谱特征进行统计分析，确定各类矿物不同类型光谱特征参数的覆盖范围，构建矿物识别决策树模型；然后对高光谱影像进行矿物端元获取，并计算其特征参数值，采用基于矿物分层谱系的决策树模型进行矿物识别。

1）光谱特征参数提取

针对光谱吸收波谷波长位置、吸收位置反射率、吸收深度等光谱特征参数的计算公式，固化相应参数并进行程序编写工作，并借助 ENVI+IDL 软件平台，将编写程序封装为 ENVI 扩展插件（图 4-125），能够在 ENVI 软件直接调用，实现操作平台无缝集成，提取不同光谱特征参量的影像特征如图 4-126 所示。

2）基于矿物分层谱系的决策树矿物识别模型

（1）矿物分层谱系。针对 USGS 波谱库矿物的光谱特征，根据谱带的精确吸收位置、谱带形状、伴随谱带以及微弱谱带等精细特征和变异特征。甘甫平等（2003）提出了基于特征谱带的高光谱遥感矿物谱系识别方法，该方法根据矿物诊断性吸收谱带特征、多谱带组合特征的相似性和稳定性以及不同具体矿物谱带特征的变异性,初步建立了"矿物大类—族—种—亚种"的矿物识别分层谱系。基于光谱特征参量法相对于光谱匹配法,增强了对地物的区分能力,但在实际应用中,易受光谱信噪比、矿物混合影响。

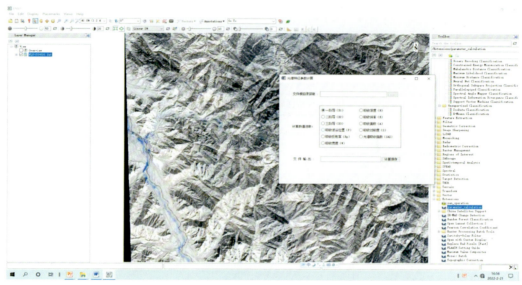

图 4-125　光谱特征参数计算公式程序

(a)吸收波谷位置　　　　　　　　　　(b)吸收深度

(c)吸收宽度　　　　　　　　　　　　(d)吸收面积

图 4-126　光谱特征参数分布图

借助 USGS 标准库和野外实测波谱曲线,进行包络线去除后,对研究区内常见蚀变矿物的光谱曲线的特征进行了分析,初步总结了褐铁矿、赤铁矿、针铁矿、黄钾铁矾、绢云母、绿泥石、绿帘石、高岭石、明矾石、方解石、白云石、地开石 12 种矿物光谱曲线的吸收位置、吸收深度等特征参量特征(表 4-15),并根据前人的研究成果制定了本研究区的矿物识别规则,构建矿物识别决策树模型。

表 4-15 研究区常见矿物的光谱特征参量的特征值表

| 矿物名称 | $P$/nm | $R_p$ | $A$ | SAI | $W$ | $S$ | $H$ | $K$ |
|---|---|---|---|---|---|---|---|---|
| 褐铁矿 | 960 | 0.473 748 | 151.970 9 | 2.007 963 | 636.5 | 0.542 027 | 0.477 521 | 0.000 141 251 |
| 赤铁矿 | 871.3 | 0.561 652 | 39.451 74 | 1.694 781 | 202.2 | 0.276 954 | 0.390 225 | 0.000 329 159 |
| 针铁矿 | 540.5 | 0.353 405 | 20.209 59 | 1.791 493 | 144.5 | 0.719 723 | 0.279 718 | 0.003 527 668 |
| 黄钾铁矾 | 949 | 0.565 625 | 144.861 2 | 1.731 215 | 700.5 | 0.655 96 | 0.413 594 | $-8.62\times 10^{-5}$ |
| 绢云母 | 2205 | 0.567 835 | 43.303 18 | 1.726 287 | 210 | 0.380 952 | 0.412 411 | $-0.000\ 151\ 95$ |
| 绿泥石 | 2325 | 0.628 325 | 71.547 44 | 1.591 533 | 385 | 0.610 39 | 0.371 675 | $-7.27\times 10^{-19}$ |
| 绿帘石 | 2335 | 0.218 694 | 125.399 6 | 4.572 599 | 321 | 0.408 1 | 0.781 306 | $3.40\times 10^{-19}$ |
| 高岭石 | 1 413.5 | 0.559 829 | 75.223 | 1.754 875 | 356 | 0.578 652 | 0.422 601 | $7.69\times 10^{-5}$ |
| 明矾石 | 2165 | 0.488 269 | 112.580 8 | 2.048 051 | 440 | 0.25 | 0.511 731 | 0 |
| 方解石 | 2335 | 0.671 35 | 32.765 58 | 1.485 627 | 201 | 0.253 731 | 0.326 026 | $5.15\times 10^{-5}$ |
| 白云石 | 2340 | 0.592 492 | 39.732 03 | 1.687 787 | 195 | 0.328 205 | 0.407 508 | $-1.53\times 10^{-18}$ |
| 地开石 | 2175 | 0.469 243 | 56.053 1 | 2.085 948 | 220 | 0.318 182 | 0.509 574 | $-0.000\ 141\ 22$ |

注:$P$.吸收波谷位置;$R_p$.吸收波谷位置反射率值;$A$.吸收面积;SAI.光谱吸收指数;$W$.吸收宽度;$S$.吸收对称度;$H$.吸收深度;$K$.吸收斜率。

(2)创建决策树识别模型。根据上述常见矿物识别参量,创建决策树识别规则如下。

褐铁矿:600~1000 nm 宽缓吸收谱带,960 nm 为主要吸收特征。

赤铁矿:600~1000 nm 宽缓吸收谱带,870 nm 为主要吸收特征。

针铁矿:600~1000 nm 宽缓吸收谱带,910 nm 为主要吸收特征,540 nm 为一级吸收特征;700~1000 nm,斜率 $K>0$。

黄钾铁矾:600~1000 nm 宽缓吸收谱带,950 nm 为主要吸收特征,2250 nm 为一级吸收特征,700~1000 nm,斜率 $K<0$。

绢云母:2210 nm 附近宽为主要吸收特征。

绿泥石:2230~2250 nm 为主要吸收特征。

## 三、示范研究

### (一)基于岩矿光谱特征参量的大格勒沟地区矿物识别

矿物填图是实现我国传统的遥感地质填图由岩性填图到矿物填图最重要也是最关键的一步,其中矿物识别以及识别的种类和精度将关系矿物填图的成败。同时,矿物识别也是高光谱地质应用的基础和核心,从宏观和区域上为地质应用提供地物组成分布的物质信息,实现遥感地质应用由多光谱的定性描述向高光谱定量物质组成鉴别的飞跃(甘甫平等,2007)。本研究选择基于光谱特征参数组合的高光谱数据矿物填图方法(韦晶等,2015)开展大格勒沟地区矿物填图(图 4-127)。

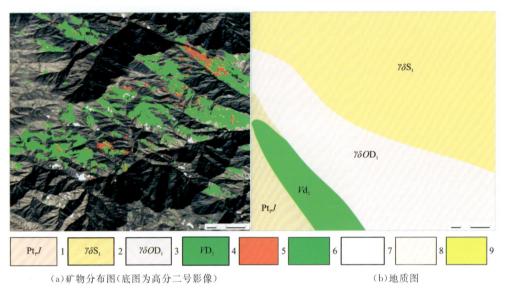

(a) 矿物分布图(底图为高分二号影像)　　　　　　　　　　(b) 地质图

1. 金水口群：黑云片岩、石英片岩、二云绿泥石英片岩；2. 花岗闪长岩；3. 英云闪长岩；4. 辉长岩；5. 绿泥石；
6. 褐铁矿；7. 绢云母；8. 针铁矿；9. 伊利石。

图 4-127　大格勒沟地区矿物分布图

基于资源一号 02D 卫星高光谱图像数据，在大格勒沟应用示范区获取了褐铁矿、绿泥石、绢云母、针铁矿、伊利石等矿物信息。结果显示，绿泥石在区内不同岩性层均有分布，呈片状展布；褐铁矿主要沿花岗闪长岩和英云闪长岩的接触带及北西向断裂构造展布，绢云母主要分布于金水口群地层及该地层与辉长岩的接触带附近，针铁矿和伊利石零星出露于区内的破碎蚀变带中。

大格勒沟南部的花岗岩区矿物填图，如图 4-128 所示。二长花岗岩中主要的矿物蚀变为褐铁矿、白云母、绢云母、针铁矿、伊利石等，主要沿二长花岗岩中的破碎蚀变带分布，表现为线型异常，多与区域构造线方向一致展布。

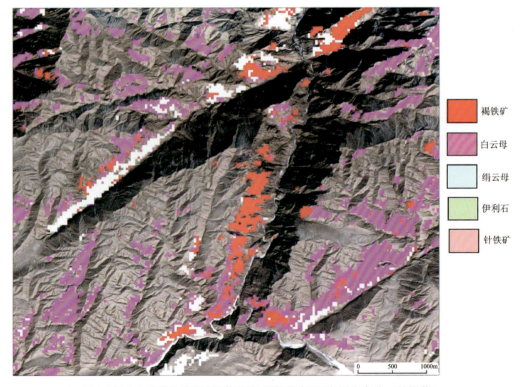

图 4-128　大格勒沟南部(花岗岩区)矿物分布图(底图为高分二号影像)

大格勒沟北部的变质岩区矿物填图如图 4-129 所示。绿泥石和黄钾铁矾主要分布于二长花岗岩中,呈片状展布;褐铁矿在区内不同岩性层均有分布;绢云母主要分布于丘吉东沟组片岩、白云岩、板岩、变砂岩夹硅质岩及金水口岩群黑云片岩、石英片岩、二云绿泥石英片岩之中,呈片状或面状展布;祁漫塔格群流纹岩、英安流纹岩、流纹质凝灰岩夹玄武安山岩中分布绿泥石、褐铁矿、伊利石等蚀变矿物,主要呈片状或面状展布;针铁矿与绢云母紧密伴生,多分布于丘吉东沟组和金水口岩群之中,呈片状或面状展布;伊利石多出露于丘吉东沟组,方解石出露范围较小,与碳酸盐脉有关。

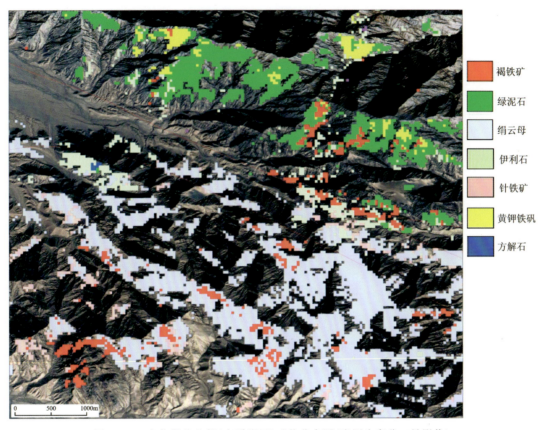

图 4-129　大格勒沟北部(变质岩区)矿物分布图(底图为高分二号影像)

### (二)基于岩矿光谱特征参量的各玛龙地区成矿预测

通过对矿物的识别、地质成因信息等相关信息的提取与组合关系的分析,能够探讨矿床成生过程中的物源和动力过程等,直接判断可能存在的矿化或矿床信息,进而在其他知识的辅助下,可以实现对矿化与成矿远景区以及靶区的圈定。

**1. 应用示范区地质概况**

青海省都兰县各玛龙银多金属矿区位于青海省都兰县热水乡东南约 70 km,那更康切尔银矿床东南约 11 km 处,矿区地处于青海省东昆仑构造带的南东段,一级构造单元属秦祁昆造山系,二级构造单元为东昆仑弧盆系(Ⅳ-8),三级构造单元属昆北岩浆岩弧(Ⅳ-8-3),该区经历了古元古代—中生代以来的多旋回复杂的构造运动(古元古代裂谷—俯冲—碰撞、晚古生代—昆中双型俯冲、中生代侏罗纪以来的抬升造山运动),地质构造复杂,断裂发育,岩浆活动频繁,受断裂和岩体侵蚀影响,地层出露残缺不全(潘彤,2017)。

区域上岩浆活动强烈,侵入岩及火山岩均有出露,且为矿区最主要的地质体,其中侵入岩主要分为两期,早三叠世酸性岩体和晚三叠世斑岩体,火山岩地层集中出现于矿区的南部一带,包括泥盆系牦牛山组火山岩、三叠系鄂拉山组流纹质火山岩、凝灰岩、英安岩;沉积岩地层简单,长城系小庙组为本地区最古老的地层,仅在矿区西北角一带小面积出露,该套地层变质变形程度较深,第四系堆积物成因不同,沿山前盆地和沟谷地貌分布,区内多期断裂构造活动较频繁,主要发育近东西向和近北西向、北东向断裂构造,其次为北东东向、东西向构造蚀变带。各玛龙矿区地质简图如图4-130所示。

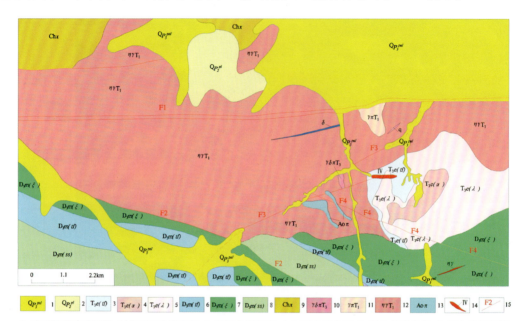

1.晚更新世冲洪积物;2.中更新世冰积物;3.灰绿色凝灰岩;4.灰黑色安山岩;5.灰白色流纹岩;6.灰白色凝灰岩;7.紫红色英安岩;8.灰色变砂岩;9.片麻岩;10.花岗闪长斑岩;11.花岗斑岩;12.二长花岗岩;13.石英斑岩;14.蚀变带;15.断裂构造。

图4-130　各玛龙矿区地质简图

**2. 矿物信息识别与分析**

在ENVI平台上,以资源一号02D卫星的高光谱载荷数据为基础,基于岩矿光谱特征参量法,在青海省都兰县各玛龙地区识别并提取出方解石、绿泥石、绢云母、褐铁矿4种矿物,根据不同矿物的组合特征,划分出5个蚀变矿物异常区,分布特征见图4-131。

Y01异常区:分布于该区西南角,呈不规则面状,蚀变矿物有绿泥石、高岭石及褐铁矿,主要赋存于晚泥盆世牦牛山组的英安岩、凝灰岩、变砂岩中,其中绿泥石分布面积最广泛,其次为褐铁矿,沿绿泥石周边分布,高岭石分布最少,零星分布,地表发育绿泥石化、褐铁矿化及弱高岭土化。

Y02异常区:分布矿区中部地区,呈狭长条带状,近东西向展布,识别的矿物有绿泥石、褐铁矿、高岭石,其中绿泥石分布面积最广,褐铁矿和高岭石与绿泥石伴生,蚀变矿物主要赋存于早三叠世二长花岗岩体中,岩体表面弱高岭土化、褐铁矿化呈薄膜状分布,F2断裂构造从其南侧通过。

Y03异常区:分布矿区中南部地区,呈狭长条带状,呈不规则楔状展布,近北西—南东向,识别的矿物有绿泥石、褐铁矿、高岭石及少量方解石,以绿泥石和褐铁矿为主,分布面积最广,其次为高岭石和方解石,主要赋存于早三叠世二长花岗岩体中和泥盆纪牦牛山组凝灰岩、变砂岩中,岩石表面绿泥石化、青盘岩化较发育,异常区为F2断层与F3断层交会部位,多种矿物集中分布。

Y04异常区:分布矿区北东部地区,呈长条状,沿那更康切尔断裂带(F1)呈东西向线状展布,主要矿物有绿泥石、高岭石和方解石,主要赋存于早三叠世二长花岗岩和构造碎裂岩中,地表见多处风化壳,此区发现有1∶2.5万化探异常GA14PbZnAg,Ag多金属含矿背景较好。

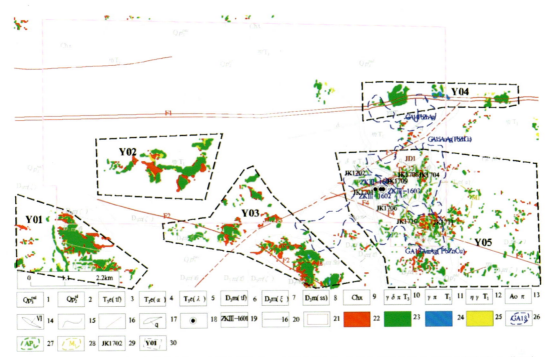

1.晚更新世冲洪积物；2.中更新世冰积物；3.灰绿色凝灰岩；4.灰黑色安山岩；5.灰白色流纹岩；6.灰白色凝灰岩；7.紫红色英安岩；8.灰色变砂岩；9.片麻岩；10.花岗闪长斑岩；11.花岗斑岩；12.二长花岗岩；13.石英斑岩；14.蚀变带；15.地质界线；16.断裂构造；17.岩脉；18.钻孔；19.钻孔编号；20.勘探线及编号；21.工区范围；22.褐铁矿；23.绿泥石；24.方解石；25.高岭石；26.2.5万化探异常及编号；27.土壤异常及编号；28.磁法异常及编号；29.金矿及编号；30.蚀变矿物异常区及编号。

图 4-131 蚀变矿物信息分布图

Y05异常区：分布矿区东南部地区，呈不规则面状展布，识别的矿物有绿泥石、褐铁矿、高岭石及少量方解石，以绿泥石和褐铁矿为主，其中大部分矿物赋存于晚泥盆世牦牛山组和晚三叠世鄂拉山组等火山岩中，少部分赋存于早三叠世二长花岗岩体中，火山岩中发育绿泥石化、青磐岩化，侵入岩中发育褐铁化、弱高岭土化、云英岩化，此区发育F4断层，是主要的控矿构造，地表有5个金矿点，GA15AuAg(PbZnCu)、GA18AuAg(PbZnCu)2个1∶2.5万化探异常，特别是GA18化探异常与蚀变矿物套合较好，紧邻其北侧有M1磁异常，综上所述该区域成矿地质背景较好。

### （三）基于光谱相似性度量的冷湖镇东矿物识别

基于资源一号02D高光谱图像数据，在数据预处理的基础上运用最大噪声分离变换(MNF)对反射率数据进行波谱降维，然后利用像元纯度指数(PPI)分析进行空间降维，并用N维可视化方法进行端元识别，基于图像获取了褐铁矿、白云石、绿泥石、方解石及绢云母等矿物的波谱信息，运用光谱角法和混合调谐匹配滤波法分别提取矿物信息。结果显示，绢云母信息主要分布在不同岩性层的接触带及北西向断裂构造附近；褐铁矿和针铁矿信息集中分布在该区南部的北西向断裂构造附近；方解石和白云石信息集中分布在大理岩地层中(图4-132)。

采用同一种技术方法对ZY-1 02D卫星和GF-5数据进行矿物信息提取(图4-133)，分析资源一号02D卫星数据识别矿物信息的正确性。对两种数据提取的方解石矿物信息进行对比，结果显示方解石矿物信息均分布在示范区东北部的大理岩地层之中，其中4处集中分布的地段，方解石的分布位置及形态均一致，并且矿物信息的集中强度均具有较好的一致性，表明5米光学业务卫星数据提取矿物信息是可行的。

图 4-132　冷湖镇东示范区矿物分布图

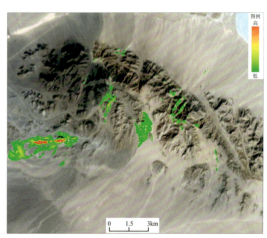

(a) ZY1-02D 数据提取方解石信息　　　　(b) GF-5 数据提取方解石信息

图 4-133　冷湖镇东示范区方解石矿物信息对比图

**1. 岩性可识别性**

依据实测的岩石矿物波谱,利用资源一号 02D 卫星高光谱数据丰富的光谱信息可识别不同的岩石类型。首先对实测的岩石波谱数据进行不同的光谱增强处理,分别进行归一化、包络线去除、一阶微分变化等光谱增强处理,达到突出岩石特征波段信息,增加岩石光谱之间距离的目的;然后在确定端元波谱的基础上,采用光谱匹配的方法有效地提取了该区的大理岩、二长花岗岩等岩性信息。

1) 变质岩

大理岩岩石的光谱特征明显,依据实测的大理岩光谱数据,采用光谱匹配技术能够准确地提取,结合地质图显示,大理岩信息与测试区分布的大理岩地层完全吻合。经实测调查,本次工作提取的大理岩信息为早石炭世怀头他拉组地层,岩性为大理岩。该套岩性层走向为 NNW,倾向 57°,地层近于直立。受到风化剥蚀作用的影响,地层较为破碎,形成孤立的山体。综述说明资源一号 02D 卫星数据在碳酸盐岩的岩性识别上效果较好。

2) 侵入岩

结合该区地质图,本次工作提取的二长花岗岗信息集中分布在中二叠世浅肉红色中粗粒似斑状二长花岗岗和浅肉红色中粒二长花岗岩岩体中,且吻合度高(图 4-134),反映出资源一号 02D 卫星高光谱数据提取中酸性侵入岩具有较好的应用效果。

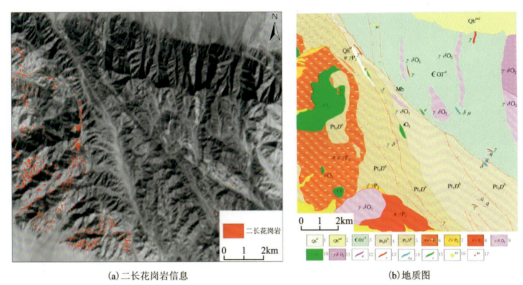

(a)二长花岗岩信息　　　　　　(b)地质图

1.全新世冲积;2.全新世洪冲积;3.寒武—奥陶纪滩间山群下碎屑岩岩组灰色、浅灰绿色片理化变砂岩、千枚岩、深灰色泥质板岩互层及大理岩透镜等;4.古元古代达肯大坂岩群片岩岩组绢云石英片岩、石英片岩夹细粒黑云斜长片麻岩及薄层状透镜状大理岩等;5.达肯大坂岩群片麻岩岩组黑云斜长片麻岩、花岗质片麻岩夹斜长角闪片麻岩夹云母石英片岩及大理岩等;6.中二叠世浅肉红色中粗粒似斑状二长花岗岩;7.中二叠世肉红色中粗粒正长花岗岩;8.中二叠世浅肉红色中粒二长花岗岩;9.晚奥陶世深灰—灰绿色中细粒花岗闪长岩;10.晚奥陶世黑灰—暗灰绿色中细粒蚀变辉长岩;11.中奥陶世灰—浅灰色中细粒花岗闪长岩;12.石英脉;13.花岗岩脉;14.闪长玢岩脉;15.辉长岩脉;16.金矿点;17.铁矿化点。

图 4-134　冷湖镇东示范区南部二长花岗岩信息分布特征

### 2. 矿物信息可识别性

选取造岩矿物和蚀变矿物开展资源一号 02D 卫星数据的矿物信息识别能力评价。

1)造岩矿物信息

在冷湖镇东示范区内,大理岩分布极为广泛,在古元古代达肯大坂岩群片岩岩组、片麻岩岩组,寒武—奥陶纪滩间山群下火山岩组、下碎屑岩组及早石炭世怀头塔拉组地层中均有分布,故选取大理岩的造岩矿物进行分析,在资源一号 02D 卫星数据对造岩矿物的识别能力评价方面具有较好的代表性。大理岩的造岩矿物主要为白云石和方解石,采用混合调谐匹配滤波法提取白云石和方解石矿物信息。结果显示白云石和方解石均分布在大理岩地层之中,与大理岩的分布范围高度吻合[图 4-135(a)、(b)、(c)、(d)],充分说明资源一号 02D 卫星高光谱数据在提取造岩矿物信息方面具有较高的准确性。

2)蚀变矿物信息

示范区内产出的矿床主要为金矿和铁矿,其中金矿为构造蚀变岩型,铁矿为夕卡岩型,其矿化蚀变类型主要有褐铁矿化、黄铁矿化、绢云母化等。结合实测的矿物光谱曲线[图 4-136(a)],项目组选取褐铁矿化、绢云母化、绿泥石化等蚀变类型进行蚀变矿物信息提取。从提取结果来看[(图 4-136(b)、(c)、(d)],绢云母信息主要沿 F2、F4 断裂及晚奥陶世辉长岩体和达肯大坂岩群片麻岩岩组地层的接触带附近分布;褐铁矿和针铁矿信息集中分布在 F4 断裂北侧的滩间山群下碎屑岩组地层之中,部分地段顺层展布。结合区内地质矿产资料分析,本次提取的蚀变矿物信息与区内的构造活动密切相关,其中 k3 金矿点处有褐铁矿和绢云母信息沿 F3 断裂分布,k5、k6 铁矿化点处绢云母、褐铁矿及针铁矿信息分布集中。综上所述,采用 5 米光学业务卫星高光谱数据提取的蚀变矿物信息具有较好的准确性,对地质矿产勘查工作能够起到一定的指导作用。

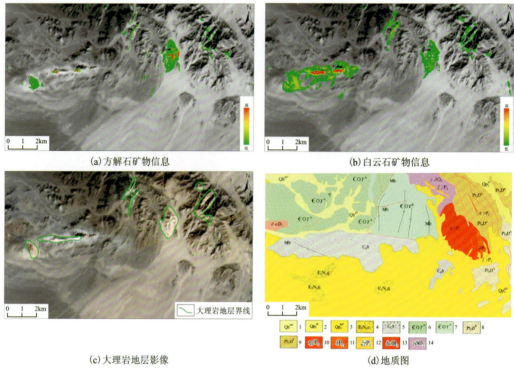

1.全新世洪积;2.晚更新世洪积;3.晚更新世洪冲积;4.中新—渐新世干柴沟组砂砾岩段;5.早石炭世怀头塔拉组灰—深灰色泥钙质板岩、岩屑长石砂岩夹大理岩;6.寒武—奥陶纪滩间山群下火山岩组灰绿色、暗紫红色晶屑凝灰岩夹玄武岩、大理岩;7.滩间山群下碎屑岩组灰色、浅灰绿色片理化变砂岩、千枚岩、深灰色泥质板岩互层及大理岩透镜等;8.古元古代达肯大坂岩群片岩岩组绢云石英片岩、石英片岩夹细粒黑云斜长片麻岩及薄层状透镜状大理岩等;9.达肯大坂岩群片麻岩组黑云斜长片麻岩、花岗质片麻岩夹斜长角闪片麻岩夹云母石英片岩及大理岩等;10.中二叠世浅肉红色中粒二长花岗岩;11.中二叠世灰绿—深灰色中细粒闪长岩;12.中二叠世肉红色正长花岗岩脉;13.晚泥盆世灰绿色中粒辉石石英闪长岩;14.中奥陶世灰白色花岗闪长岩。

图 4-135　冷湖镇东示范区西北部大理岩地层造岩矿物信息分布特征

## 四、结果验证与分析

高光谱异常提取成果显示,区内发育有褐铁矿、绿泥石、黄钾铁矾、绢云母、方解石、白云石、针铁矿、伊利石、高岭石 9 种蚀变矿物异常。为了验证 5 米光学卫星 01 星(资源一号 02D 卫星)在地质矿产方面的可用性及其对矿物类型的识别精度,利用空间分辨率优于 1 m 的高分影像和野外验证的手段对高光谱矿物识别与矿物填图进行了验证。

在各玛龙矿区南部一带的 Y03 异常区布设了 3 条岩矿光谱剖面,该区出露晚三叠世二长花岗岩和晚三叠世鄂拉山组,针对绿泥石、高岭石、方解石、褐铁矿等矿物进行实地验证。提取的矿物在空间展布形态上与地层及接触带分布一致,28 个野外验证点中,绿泥石、高岭石和方解石正确率达 100%,褐铁矿化正确率达 75%,平均正确率达 94%。高分遥感解译表明,提取的方解石蚀变矿物与碳酸盐岩(脉)出露范围基本一致(图 4-137),识别较为准确。

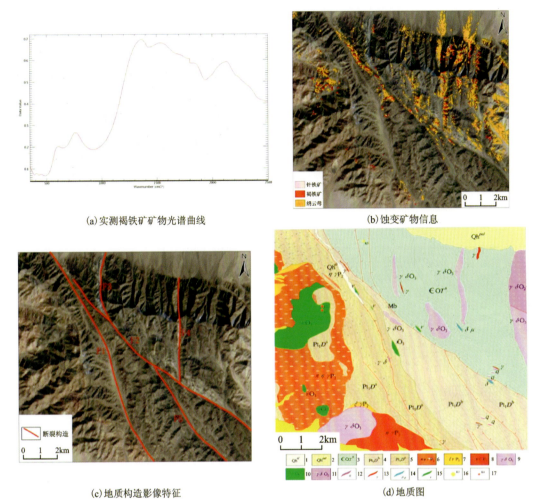

(a)实测褐铁矿矿物光谱曲线　　　　　　　　(b)蚀变矿物信息

(c)地质构造影像特征　　　　　　　　　　　(d)地质图

1.全新世冲积;2.全新世洪冲积;3.寒武—奥陶纪滩间山群下碎屑岩组灰色、浅灰绿色片理化变砂岩、千枚岩、深灰色泥质板岩互层及大理岩透镜等;4.古元古代达肯大坂岩群片岩岩组绢云石英片岩、石英片岩夹细粒黑云斜长片麻岩及薄层状透镜状大理岩等;5.达肯大坂岩群片麻岩岩组黑云斜长片麻岩、花岗质片麻岩夹斜长角闪片麻岩夹云母石英片岩及大理岩等;6.中二叠世浅肉红色中粗粒似斑状二长花岗岩;7.中二叠世肉红色中粗粒正长花岗岩;8.中二叠世浅肉红色中粒二长花岗岩;9.晚奥陶世深灰—灰绿色中细粒花岗闪长岩;10.晚奥陶世黑灰—暗灰绿色中细粒蚀变辉长岩;11.中奥陶世灰—浅灰色中细粒花岗闪长岩;12.石英脉;13.花岗岩脉;14.闪长玢岩脉;15.辉长岩脉;16.金矿点;17.铁矿化点。

图 4-136　冷湖镇东示范区南部蚀变矿物分布特征

图 4-137　方解石蚀变矿物异常与碳酸盐岩(脉)(底图为 GF-2 影像)

在青海省都兰县哈日扎北地区,结合高光谱异常,开展了高分遥感解译及野外实地查证。该区域主要发育方解石、绢云母、纤铁矿蚀变矿物异常,其分布呈斑点、斑块状,3种蚀变矿物异常套合较好。高分遥感解译发现(图4-138),该区域主要发育晚石炭—早二叠世缔敖苏组石英砂岩、结晶灰岩与侏罗纪正长花岗岩、三叠纪二长花岗岩、二叠纪石英闪长岩等岩体,在缔敖苏组结晶灰岩与岩体接触带及部分断裂构造附近疑似存在矿化蚀变现象,部分区域可见前人工作遗留的槽探工程;遥感解译发现的缔敖苏组结晶灰岩与方解石蚀变矿物异常套合较好,纤铁矿蚀变矿物异常主要分布于侵入岩岩体中,绢云母蚀变矿物异常则分布较少。野外实地查证发现构造蚀变带一条(野外验证点03、04,图4-139),该处位于灰色结晶灰岩中,南侧为花岗闪长岩,蚀变带走向为80°～260°,宽度约10 m,地表可见长度约500 m,蚀变类型有高岭土化、绢云母化、黄钾铁矾、褐铁矿化等;在01、05号验证点发现花岗岩岩体,02号验证点为结晶灰岩,岩石中沿裂隙面可见不均匀薄膜状褐铁矿化分布。高分遥感解译与野外实地验证显示,基于资源一号02D卫星提取的方解石、纤铁矿等蚀变矿物与实地存在的蚀变现象较为吻合。

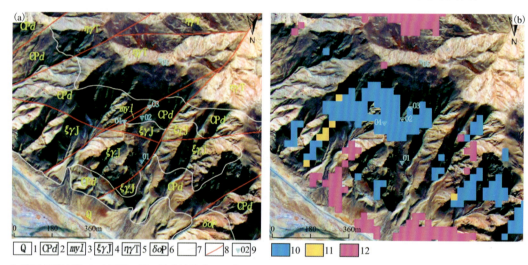

1.第四纪洪冲积;2.晚石炭—早二叠世缔敖苏组石英砂岩、结晶灰岩;3.构造蚀变岩;4.侏罗纪正长花岗岩;5.三叠纪二长花岗岩;6.二叠纪石英闪长岩;7.地质界线;8.断裂构造;9.野外查证点及编号;10.方解石蚀变矿物异常;11.绢云母蚀变矿物异常;12.纤铁矿蚀变矿物异常。

图4-138 哈日扎北地区高分遥感解译图(a)与高光谱异常分布图(b)(底图为GF-2影像)

图4-139 哈日扎北地区03号验证点实地照片(a)与04号验证点实地照片(b)

在青海省都兰县纳更北地区结合高光谱异常,开展了高分遥感解译及野外实地查证。该区域主要发育绢云母、绿泥石、纤铁矿、伊利石、明矾石、方解石蚀变矿物异常,其分布呈斑点状、斑块状,6种蚀变矿物异常套合较好。高分遥感解译发现(图4-140),该区域主要发育三叠纪鄂拉山组火山岩与三叠纪二长花岗岩、二叠纪正长花岗岩等岩体,在部分断裂构造附近疑似存在矿化蚀变现象;遥感解译发现的三叠纪鄂拉山组凝灰岩与绢云母蚀变矿物异常套合较好,绿泥石蚀变矿物异常主要分布于三叠纪鄂拉山组安山岩与玄武岩地层中,伊利石、明矾石、方解石蚀变矿物异常则呈星点状分布。野外实地查证发现构造蚀变带一条(野外验证点02,图4-141),该处位于三叠纪鄂拉山组凝灰岩中,宽度50~80 m,主要蚀变类型为碎裂岩化、高岭土化、绢云母化、黄钾铁矾,倾向35°,倾角40°,上50 m以黄色泥化为主,下50~80 m为钾化蚀变;01号、03号验证点均为三叠纪鄂拉山组凝灰岩,岩石中存在高岭土化、弱绿帘石化、弱褐铁矿化等蚀变。高分解译与野外实地验证显示,提取的绢云母、绿泥石等蚀变矿物实地存在的蚀变现象基本一致,识别较准确。

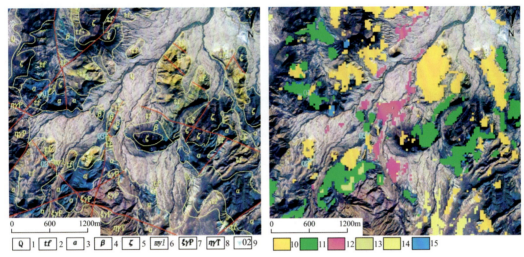

1.第四纪洪冲积;2.三叠纪鄂拉山组凝灰岩;3.三叠纪鄂拉山组安山岩;4.三叠纪鄂拉山组玄武岩;5.三叠纪鄂拉山组英安岩;6.构造蚀变带;7.二叠纪正长花岗岩;8.三叠纪二长花岗岩;9.野外查证点及编号;10.绢云母蚀变矿物异常;11.绿泥石蚀变矿物异常;12.纤铁矿蚀变矿物异常;13.伊利石蚀变矿物异常;14.明矾石蚀变矿物异常;15.方解石蚀变矿物异常。

图4-140 纳更北地区高分遥感解译图(a)与高光谱异常分布图(b)(底图为GF-2影像)

图4-141 纳更北地区02号验证点实地照片

研究结果表明,区内高光谱矿物识别的蚀变矿物空间分布有3种形态。第一种是由特定地质体引起的面状或片状异常,多为绢云母、褐铁矿、白云石、针铁矿、绿泥石等蚀变矿物。例如,五龙沟金矿北部的针铁矿、褐铁矿和绢云母异常推测是由正长花岗岩的侵入活动引起,祁漫塔格群火山岩中分布绿泥石、褐铁矿。第二种是沿断裂或后期岩脉发育的线型异常,其多与区域构造线方向一致。蚀变矿物组合发育好、类型丰富,包括褐铁矿、白云母、绢云母、针铁矿、方解石等蚀变矿物,尤其在断裂交会处异常强度明显增高,且其分布范围也较仅受单一断层控制的线型异常范围更大。第三种是孤立点型异常,其分布范围小,类型为黄钾铁矾、伊利石、高岭石等蚀变矿物。

## 五、结 论

(1)利用5米光学卫星01星(资源一号02D卫星),基于岩矿光谱特征参量的矿物识别方法,在青海省格尔木市大格勒沟地区和都兰县各玛龙银多金属矿区开展了高光谱矿物识别与成矿预测;基于光谱相似性度量的矿物识别方法,在冷湖镇东开展了矿物识别等应用研究,矿物类型识别总体达到了较高的精度,能够为青海省地质矿产勘查工作起到一定的指导作用。

(2)实现了多种光谱吸收特征参数在矿物类型识别中的综合应用,提取出研究区褐铁矿、绿泥石、黄钾铁矾、绢云母、方解石、白云石、针铁矿、伊利石、高岭石9种蚀变矿物,识别较为准确。

(3)研究区内蚀变矿物的空间分布有3种形态。第一种是由特定地质体引起的面状或片状异常,多为绢云母、褐铁矿、白云石、针铁矿、绿泥石等蚀变矿物;第二种是沿断裂或后期岩脉发育的线型异常,蚀变矿物包括褐铁矿、白云母、绢云母、针铁矿、方解石等;第三种是孤立点型异常,其分布范围小,多为黄钾铁矾、伊利石、高岭石等。

## 第八节 卫星应用市(县)级节点建设

2019年5月,自然资源部办公厅下发《自然资源部办公厅关于推进省级卫星应用技术中心建设工作的通知》(自然资办函〔2019〕874号),通知要求,以"一省一中心""资源共享、务实管用"为目标,贯通部、省、市、县(乡)的自然资源卫星应用技术体系,向社会公众提供更加优质的卫星遥感应用产品服务。2021年12月,自然资源部办公厅下发《自然资源部办公厅关于印发〈自然资源省级卫星应用技术中心建设技术导引〉的通知》(自然资办函〔2021〕2433号),通知要求,省级中心应主动向下服务市县,增强省市互动,遵循"因地制宜、分类施策"原则,对于有技术实力的市县,引导建成具有独立卫星遥感应用能力的市县级节点;对于技术实力一般的市县,采用技术下沉、定制服务、一体化解决等方式为市县赋能。

根据文件要求,关于市、县(乡)级的卫星应用体系建设,全国省级中心正纷纷加快建设脚步。在探索建立贯通部、省、市、县(乡)的卫星应用技术体系的时间点上,湖南、安徽、山西、甘肃、陕西等地走得相对靠前。随着湖南省自然资源卫星应用技术中心2020年11月在长沙挂牌成立,其联建单位以及全省14个市级中心正式授牌,湖南也初步建立起贯通省、市层面的卫星应用技术体系。湖南省级卫星中心建立了"四库两网一平台"和"1+6+14"的卫星应用网络架构,提出了"共建(数据)、协建(产品)、帮建(服务)"3种创新省市联动模式,完成了全省14个市级中心节点建设,实现"纵向到底"的资源共享贯通模式;安徽省首个市级空间信息与卫星应用中心也于2020年12月揭牌成立,16个市级节点和66个县级节点全部部署完毕,全省自然资源卫星应用网络实现省市(县)三级全覆盖,自然资源卫星应用节点部署完成后,卫星影像和监测图斑可以直接在线分发到县,显著提升卫星应用的时效性和覆盖面,真正做到"纵向到底";2020年10月,宁夏卫星中心开展第一批6个市(县)级节点建设,实现了自然资源系统内"纵向到底"的资源共享贯通模式,宁夏回族自治区市(县)级节点建设依托宁夏自然资源管理平台和"天地图·宁夏",向各市(县)自然资源局提供所在辖区的影像产品、信息产品和信息服务,开辟影像资源专栏,持续更新发布卫星遥感影像资源信息、专题监测数据等分级影像数据,打通纵向到底的数据下达通道,打破数据"孤岛";2020年12月11日,甘肃省建立首批10个自然资源市级卫星应用技术中心,在甘肃省自然资源调查监测、国土空间规划、矿山地质环境恢复治理情况监测、城市建设用地增减挂钩、地质灾害遥感调查等遥感影像数据和技术服务等方面应用成效显著；2021年2月，陕西省自然资源厅为西安、宝鸡、渭南、榆林、安康5个市级自然资源卫星应用技术中心授牌，启动陕西省市级自然资源卫星应用技术中心建设；辽宁省首家市级自然资源卫星应用技术中心——沈阳市自然资源卫星应用技术中心、贵州省首个市级卫星中心贵阳市自然资源卫星应用技术中心也相继赶在2021年底挂牌成立；2021年3月，山西省太原、大同、朔州、忻州、晋中、阳泉、晋城、临汾、运城等市级卫星应用技术中心，已与省级卫星应用技术中心展开全面对接，共享国产卫星影像数据，11市的技术中心建设方案已完成编写、评审和批复工作；浙江省11个区市级节点，62个县级节点也已部署完成，并充分发挥已经构建完成的卫星应用组织网络，服务地方自然资源主责主业和社会经济发展；2022年1月，自然资源卫星应用技术无锡市中心、江阴市中心获省厅发文同意建设，无锡市成为江苏省第一个建设市、县两级卫星应用技术体系全覆盖的地级市；2021年2月，贵州省仁怀市自然资源卫星应用技术中心正式挂牌成立，为贵州省第一批县级卫星应用技术中心建设试点单位。

为贯彻落实自然资源部关于卫星应用技术体系建设的统一部署，加快构建贯通部、省、市、县（乡）的卫星应用技术体系。自然资源青海卫星应用技术中心依托青海省自然资源卫星应用技术平台和地方自然资源管理部门，紧密结合自然资源管理业务需求，以应用为核心，以服务为导向，以"资源共享、务实管用"为目标，着力打通市、县（乡）卫星应用节点，初步完成了青海省格尔木市卫星应用市（县）级节点建设。

## 一、技术路线

依托青海省自然资源卫星应用技术平台，紧密围绕格尔木市自然资源管理需求，利用遥感大数据、物联网、人工智能等现代化信息技术，建立健全自然资源遥感综合数据库，研发自然资源遥感监管智能终端，搭建青海省格尔木市卫星应用市级节点，打通与青海中心卫星应用技术平台的数据链路，实现遥感应用全流程信息化和数据资源共享，形成"天上看、地上查、网上管"三位一体的高效管理模式；通过市级节点的建设，贯通省、市卫星应用技术体系，建立与格尔木市自然资源局业务联动机制，形成精准对接需求、精准对接问题、精准提供解决方案的现代化遥感应用工作机制，不断提高科技服务发展能力和创新驱动能力，全面服务于格尔木市自然资源监管工作，为实现市级自然资源监管工作精细化、智能化、高效化提供支撑保障；依托建成的市级节点，开展格尔木市自然资源"互联网＋遥感"监管示范应用，以2020年国产卫星数据为基准数据，2021年多期次卫星遥感数据为监测对比数据，采用人机交互解译与计算机智能提取相结合、室内综合研判与实地核查相结合的技术方法，在青海省自然资源卫星应用技术平台、格尔木市自然资源遥感监管智能终端的支持下（图4-142），客观地对格尔木市的土地与矿山实施本底调查与月度动态巡查工作，查明格尔木土地、矿山等自然资源要素的本底特征和变化情况。针对变化信息，结合各类专项业务数据，判断其是否违法，并开展实地核查工作。经遥感巡查与实地核查，形成监测成果及简报，提出工作建议，定期向格尔木市自然资源局上报，为当地自然资源局日常监管工作提供高效服务。

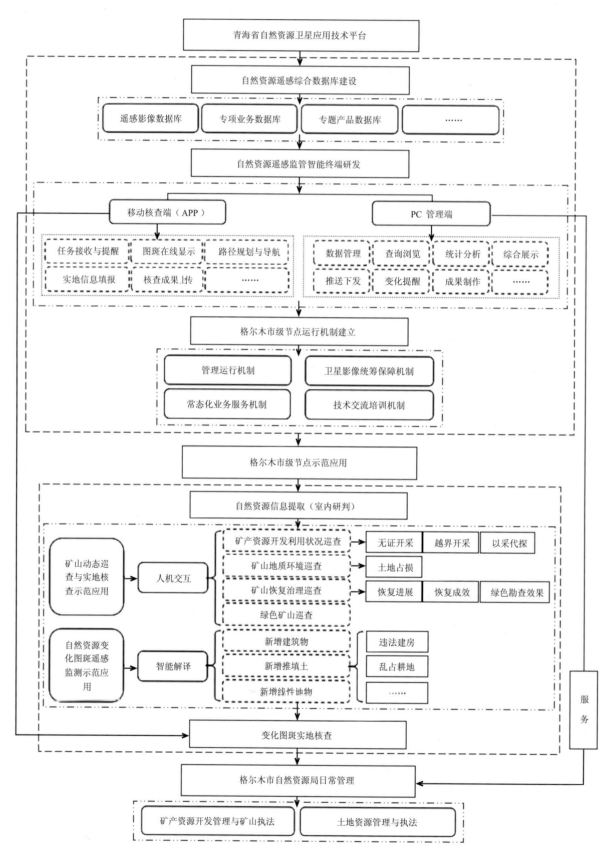

图 4-142 总体技术路线图

## 二、建设内容与方法

### （一）自然资源遥感监管智能终端研发

**1. 自然资源遥感综合数据库建设**

1）数据库内容

自然资源遥感综合数据库主要完成遥感监管相关数据资源的统一存储和管理，涉及的数据主要包括影像数据、专项业务数据、专题产品数据等各类数据资源。按照数据来源与用途不同，自然资源遥感综合数据库可分为影像数据库、专项业务数据库和专项业务产品库，数据库逻辑架构如图4-143所示。

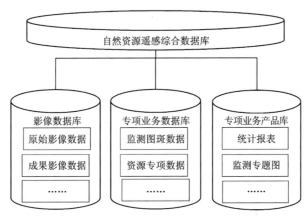

图 4-143　自然资源遥感综合数据库架构图

2）物理结构设计

自然资源遥感综合数据库综合利用关系数据库，以满足数据管理需求。其中关系数据库采用PostgreSQL，用于存储卫星数据元数据信息、空间信息、卫星数据快视图、卫星数据XML元数据文件、瓦片数据等。根据各类数据的特征，分别选择适用的数据库表：把元数据信息、空间信息等结构化数据放到关系数据库表中；将快视图、XML元数据文件等半结构化数据放到二维数据库表中。

3）存储空间设计

考虑未来数据量的增长，进行元数据管理数据库存储空间的设计。在系统部署时给元数据、快试图及索引数据保留足够的空间，并使用自动扩容技术，在保障较小的占用资源的情况下，又保障随着数据量的增长数据库可自动扩展存储容量。在数据实体管理数据库设计中，为保证数据库的不间断运行，要求安装数据库的服务器的内存不小于20GB，磁盘空间不小于1TB。

4）存储架构设计

自然资源遥感综合数据库数据存储架构采用混合存储架构，综合利用数据库和文件存储系统进行各类数据的高效、安全存储，主要包括数据库存储和文件存储2种方式，其中数据的空间和属性信息采用关系数据库（空间数据库）进行存储管理，文件存储采用共享文件存储。针对不同类型数据，依据其数据量、数据结构、数据应用场景等选择最优的存储方式。数据存储架构如图4-144所示。

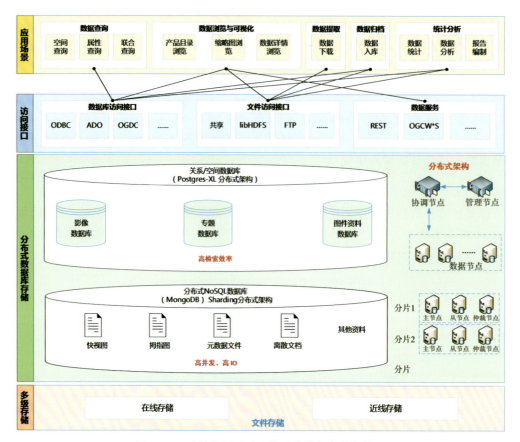

图 4-144　自然资源遥感监管系统数据存储架构图

5）存储模式设计

自然资源遥感监管的整个数据库采用大型空间数据库引擎、PostgreSQL 关系表和文件编目库相结合的方式实现自然资源遥感监管相关数据的存储，针对不同的数据类型和应用特点采用不同的存储模式。结构化数据、元数据直接存储于 PostgreSQL 数据库中；矢量空间数据、更新频率小且常用的栅格空间数据采用空间数据库引擎 PostGIS 进行管理，存储在 PostgreSQL 数据库中；遥感影像数据、非结构化数据采用编目方式进行存储和管理。空间数据模型采用 PostGIS 模型，在一个统一的空间数据模型中进行矢量与影像数据的管理。存储模式设计如图 4-145 所示。

6）数据库扩展设计

关键数据表采用分区表设计，以卫星类型或者产品级别为单位设计，后期加分区表就可实现数据存储扩容。后期单表数据量达到一定量级可采用建立历史表来解决查询效率问题。

**2. 自然资源遥感监管智能终端设计**

1）系统架构设计

自然资源遥感监管智能终端采用多层架构设计，在基础软硬件支撑环境的基础上，基于相关技术支撑，通过采用 GIS 空间服务技术、空间数据库技术进行系统的建设，最终构建集遥感数据的管理、分析、综合展示于一体的一站式卫星应用技术系统。系统共分为 4 层，分别是基础设施层、数据资源层、功能层、应用层，设计依据相应的信息系统管理规范和技术标准，并有严密的数据管理策略和安全机制作保障。系统架构如图 4-146 所示。

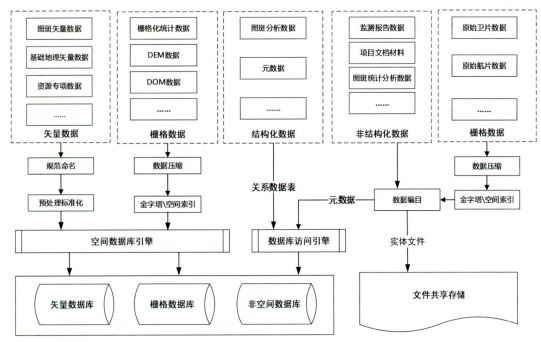

图 4-145　自然资源遥感监管系统数据库存储模式设计图

图 4-146　自然资源遥感监管智能终端系统架构图

（1）基础设施层。包括支撑系统运行的基础软件、硬件设备。基础软件包括操作系统、数据库等；硬件设备包括计算资源、存储资源等。

（2）数据资源层。包含为进行遥感监测所需要的各类数据资源，主要包括遥感影像、专题产品和监测专题产品数据等。通过数据综合管理系统与综合数据库的数据进行交互操作，对这些数据进行管理，为系统应用访问提供接口，具有数据入库、查询浏览、数据提取等功能。

（3）功能层。实现满足系统运行的通用功能，其功能主要为数据综合管理、数据查询浏览、可视化展示、核查任务下发和统计分析等功能。

（4）应用层。通过对功能层各功能组件的集成应用以及相关服务的调度，形成遥感监测系统，满足格尔木市自然资源局业务应用的需求。主要的业务应用包括多类型异构数据管理、自然资源遥感监管和变化图斑移动核查等。

2）业务流程设计

自然资源遥感监管业务流程包括数据接收、数据查看、任务下发、任务接收、实地核查取证、成果提交和统计分析。

①数据接收后，在自然资源遥感监管平台（PC端）进行数据在线浏览，制订核查任务，完成核查任务下发；②在核查移动终端（APP）接收任务，完成任务分配；③作业员接到任务后，到实地进行拍照、登记，完成实地核查取证；④实地取证完成后将核查成果上传至自然资源遥感监管平台，完成核查成果的统计分析和报告制作等工作。

3）终端功能设计

本次自然资源遥感监管智能终端研发包括遥感监管平台（PC端）和移动核查端（APP）两部分。

（1）自然资源遥感监管平台（PC端）由数据综合管理模块、数据查询浏览模块、可视化展示模块、核查任务下发模块和统计分析模块5个模块构成，具体功能结构如图4-147所示。

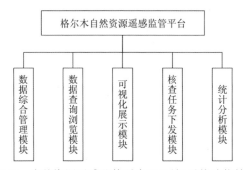

图4-147　自然资源遥感监管平台（PC端）系统功能结构图

①数据综合管理模块。该模块可根据影像数据、专题数据、图件报告数据，制作数据产品服务并实现实时发布，实现服务数据的综合管理，功能包括服务配置发布、服务管理、数据订购、数据下载和数据资源目录等功能。

②数据查询浏览模块。该模块针对影像数据、专题数据、图件报告数据3类主要数据，提供数据实体、地图服务、产品目录及缩略图、结合图等的数据查询、浏览功能，包括目录检索浏览和数据检索浏览等功能。

③可视化展示模块。该模块可实现市级行政区划范围内所有服务数据的在线展示，在Web端实现所有卫星影像、图斑数据的动态加载，在线化全分辨率无损影像服务，实现市级范围内影像数据、图斑数据的高清在线服务。包括图斑数据可视化展示、影像在线服务和在线地图操作等功能。

④核查任务下发模块。该模块主要实现对核查任务的管理，包括任务查看、任务创建、任务修改、任务删除、任务管理、任务审核和任务监控等功能。

⑤统计分析模块。该模块提供图斑信息统计、资料数据情况统计和核查任务状态统计等多种纬度的数据统计分析,以图、表、地图展示等多种方式进行展示。包括图斑统计分析、数据资源统计分析和核查任务统计分析等功能。

(2)移动核查端(APP)由核查任务管理模块、图斑在线显示模块、图斑规划导航模块、实地信息填报模块和核查成果上传模块5个模块构成,具体功能结构如图4-148所示。

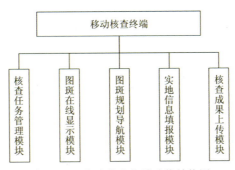

图4-148 移动核查终端功能结构图

①核查任务管理模块。该模块可实现对核查任务的在线接收、任务分配流转和管理功能,具体包括核查任务接收功能、核查任务提醒功能、核查任务调度功能等。

②图斑在线显示模块。该模块可以实现图斑影像查看、图斑矢量叠加基础地理数据显示功能。

③图斑规划导航模块。该模块可根据图斑矢量数据定位核查区域,为作业人员提供点位导航和作业路径记录功能,具体包括核查区域定位功能、点位导航功能和作业轨迹记录功能等。

④实地信息填报模块。该模块主要进行实地取证工作,支持标准表单定制、核查流程定制设置以及核查结果审核,具体功能包括表单设置功能、核查流程管理功能、实地取证功能和在线提交与离线保存功能等。

⑤核查成果上传模块。该模块主要实现核查成果的审核、归档和上传自然资源遥感监管系统,具体包括成果审核功能、成果归档功能、数据同步功能和成果上传功能等。

4)系统集成设计

市级自然资源遥感监管智能终端与自然资源青海卫星应用技术平台的集成体现在通过数据综合管理模块获取遥感影像数据、图斑矢量数据与图件资料等数据。

5)系统环境设计

自然资源遥感监管智能终端的硬件环境主要分为3个,即数据库服务器、后台服务器、用户终端和移动终端(图4-149)。

图4-149 自然资源遥感监管智能终端硬件拓扑图

其中，数据库服务器主要部署数据库系统，对数据进行综合管理，并对外提供数据服务；用户终端主要是部署自然资源遥感监管智能终端平台客户端，能够对数据进行交互管理及综合展示；后台服务器是用来支撑系统功能的底层设备；移动终端主要是用户用来执行野外核查任务的设备。

## （二）市级节点运行机制建立

### 1. 建立健全市级节点管理运行机制

出台市级节点管理办法，厘清市级节点内设机构的职责分工和运行机制，制定数据、业务、共享、服务等业务工作管理规定。基于工作基础和实际需要，明晰市级节点服务市级自然资源系统的工作机制，确定卫星数据接收、产品生产、数据管理、共享分发、应用服务等业务流程，明确数据共享策略，确定产品生产、遥感监测和推广应用协同分工。

### 2. 建立市级卫星影像统筹保障机制

面向市级自然资源管理和行业应用需求，建立国产公益卫星的市级卫星影像统筹机制，能够对市重大战略、自然资源重大工程和管理业务、灾害和突发公共事件进行全覆盖、快速响应。制定市级影像统筹保障管理办法，建立应急响应下的绿色通道机制。积极打通市级自然资源系统内各应用单位的共享渠道，按需开展卫星影像数据、产品的开放共享，做到"应共享、尽共享"，构建市级资源开放共享目录，打造市级卫星数据查询、推送、订阅、订购的一体化共享系统，提供卫星应用的一站式服务。

### 3. 建立常态化业务服务机制

转变认识，从被动保障到主动服务，逐步加大卫星遥感在市级自然资源监测监管工作中的应用力度，力争将卫星遥感技术作为"早发现、早制止、严查处"工作机制中不可或缺的支撑手段。市级节点要充分利用省中心推送的卫星影像变化图斑信息，根据本市重点监测任务需要，协同实施变化图斑的真实性、合规性核查监测，及时发现山水林田湖草的状态变化，为自然资源监管"早发现、早制止"提供有力线索。

### 4. 建立技术交流培训机制

自然资源青海卫星应用技术中心优选对业务需求和技术应用具有深入见解的专业技术人才组建卫星遥感应用技术专家咨询团队，定期组织发展规划、业务梳理、关键技术、模式创新等专题研讨，从业务需求和技术革新层面共同推动服务支撑能力向解决实际应用问题的方向发展。加强市级专业技术人员的培训交流，每年定期组织开展专题技术交流和培训，加大市级节点业务和技术交流的力度。省市中心积极探索建立专业技术人员客座互访机制。

## （三）自然资源遥感监测典型应用

青海省格尔木市矿产资源丰富，矿业开发活动活跃，矿山分布具有点多、面广的特点，传统矿山监管模式下，单凭人工外业监管无法做到违法现象全覆盖，以有限的人力和物力进行图文证据搜集、汇总与比对，周期性长；地面小网格化的"人海战术"，耗费大量人力、物力和财力，事中监管能力薄弱，还停留在事后问责阶段，格尔木市自然资源局迫切需要引进遥感技术开展辖区内矿山监测监管，以摆脱"人员少、面积大"的传统困境。

根据格尔木市自然资源局业务需求，以格尔木市矿山动态巡查为题开展自然资源遥感监测典型应用。充分发挥青海省自然资源卫星应用技术平台卫星数据资源优势,以资源三号、高分一号、高分二号、高分七号、2米/8米星等国产卫星数据为主要数据源,利用青海省自然资源卫星应用技术平台生产的"2020年青海省国产卫星影像一版图"产品,通过人机交互解译方法,查明格尔木市辖区内矿产资源开发利用状况、矿山开发占地、矿山恢复治理3个专题的现状特征;以2020年矿山调查数据为本底,利用2021年覆盖格尔木辖区的月度影像开展矿山变化动态巡查,通过青海省自然资源卫星应用技术平台智能解译系统,高效提取矿山变化图斑,经矿业权、批地等专项业务数据套合比对,筛选"问题"图斑,开展实地核查及验证工作。

## 三、市级节点建设成效

### (一)建成市级卫星遥感应用终端,实现业务链条聚合

面向格尔木市自然资源局自然资源调查监测、矿山/土地执法等业务需求,采用集约化、虚拟化的IT技术,基于流式计算、分布式处理、大规模数据可视化等方法构建了"数算存用"一体的卫星遥感应用终端,具备了栅格数据、矢量数据等不同类型、不同尺度的多源数据动态汇聚的数据组织模型,对数据全流程实施高效管理,形成了分布式管理和动态更新机制。研发完成的自然资源遥感监管平台(PC)和移动核查端(APP)2个分系统,10个模块,39个功能,具备数据综合管理、浏览查询、统计分析、可视化展示、图斑导航、核查取证、成果输出等实用功能,提供个性化服务应用能力,满足在B/S模式下数据存储高效管理、宏观分析决策等需求,为格尔木市自然资源局提供了遥感监管工具,贯通了与自然资源青海卫星应用技术平台的数据链路,实现了"资源共享、务实管用"的应用目标。

**1. 自然资源遥感监管平台(PC)效果**

1)系统登录

打开系统网站,点击登录,输入已申请账户的用户名及密码进行登录(图4-150)。

图4-150　自然资源遥感监管平台(PC端)登录界面

2)系统主界面

登录后进入系统主界面,系统主界面分为综合监管展示、任务管理、数据管理和用户管理4个模块。

综合监管展示包括综合监管展示一张图、变化图斑展示和矿区影像展示；任务管理可查看任务列表、任务状态以及实现任务管理；数据管理和用户管理实现任务数据、参考数据以及相关人员用户的管理。

3）综合监管展示一张图

点击左侧菜单栏中"综合监管展示"—"综合监管展示一张图"，以统计图表形式直观展示变化图斑以及矿权核查情况。变化图斑统计是按核查情况、矿种类型、开采问题以及占地方式等统计图斑数量；矿权统计按照矿种类型、开采方式、矿种有效性等统计采矿权和探矿权的数量和面积，如图4-151所示。

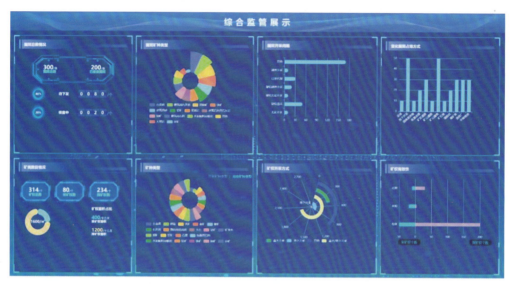

图 4-151　综合监管展示一张图效果

4）变化图斑展示

点击左侧菜单栏中"综合监管展示"—"变化图斑展示"，可查看所有变化图斑的分布情况，图斑按照核查状态（未核查和已核查）进行渲染，并提供图斑列表，支持快速定位到所选对象区域（图4-152）。

图 4-152　变化图斑查询浏览展示效果

5）矿区影像展示

点击左侧菜单栏中"综合监管展示"—"矿区影像展示"，可查看所有矿业权覆盖范围内现有的所有时序遥感影像,以时间轴的方式按先后顺序拖动浏览,也可以数据列表的形式点击查看。

6)核查任务管理

任务管理主要实现核查任务创建、任务查看、任务下发、核查成果下载。

(1)任务创建。点击"新建任务",选择核查类型后,点击任务描述后的"创建任务",进入任务参数设置。设置任务名称,选择数据目录,设置任务起止日期,填写任务描述(非必填)。其中变化图斑核查任务需要选择数据目录,矿权任务无需选择数据,系统将会自动提取当前矿权基础库全部任务作为核查任务。任务创建成功后,会自动添加到任务列表。任务列表展示任务的相关信息,包括序号、任务名称、分发状态、提交状态、任务类型、起止时间、任务描述、创建时间。同时,提供了任务查看、成果下载和删除等操作。

(2)任务查看。点击任务列表处的"任务查看",可查看对应任务所有变化图斑和待核查矿权。其中变化图斑核查任务,点击界面右上方的"地图模式"可查看图斑分布情况以及图斑属性、外业核实照片。

(3)任务下发。选择需要核查的任务,点击"任务下发",系统自动将任务下发到外业人员的账号上,支持批量下发。

(4)核查成果下载。经实地核查已提交的任务可以下载成果至本地。下载成果包括报告(.docx)、结果表(.xlsx)、轨迹线、照片和照片描述。支持批量下载以及全部下载,批量下载时会将结果表和照片描述进行合并。

7)数据管理

数据管理可实现任务数据的上传、删除等。初次进入系统时,需要添加数据目录,并上传数据,否则会影响任务创建以及外业任务下发。

①添加。点击"添加",弹出对话框,输入数据名称,选择数据类型并输入数据描述后,系统会在云端指定路径创建对应文件夹,用于存储数据。数据类型包括变化图斑核查、采矿权核查和探矿权核查,其中采矿权核查类型和探矿权核查类型的数据会入库到矿权基础数据库,作为采矿权、探矿权核查的基础任务数据。

②上传。点击"上传",弹出上传窗口,仅支持"zip"格式的压缩包,一次选择一个压缩包。点"确定"后,对应压缩包上传至选定数据文件夹,只有上传了数据才能在任务列表处获取任务并下发。矿权任务的数据需要在对应矿权任务创建前上传,追加任务只对新创建任务有效。

③删除。点"删除"后,删除该数据记录,且服务器上的文件夹和数据会同步删除,需谨慎操作。已经下发的变化图斑核查任务数据不可删除。矿权任务删除会删除其对应基础库的记录。

④参考数据上传。将参考图层"shp"放至指定路径下,图层命名要求为"采矿权""探矿权""批地"等。需下发任务前上传,且同一任务同一人员的参考图层均为其第一次获得的参考数据,若后续更换数据,需要下发给未下发过任务的人员或者重新创建任务。

8)用户管理

用户管理实现用户的用户查看、用户创建、用户编辑、密码重置、用户删除等管理功能。

(1)用户查看。点击左侧菜单栏中的"用户管理",进入用户管理界面,可查看所有用户,具备用户创建、用户编辑、密码重置和用户删除权限。

(2)用户创建。系统内置管理员账号,登录后,点击左侧"用户管理",选择"添加"按钮,弹出添加用户窗口,填写对应信息后点确定即可完成创建。

(3)用户编辑。管理员可对用户信息进行编辑。

(4)密码重置。管理员可重置所有用户的密码,输入新密码并确认密码即可完成重置。

(5)用户删除。管理员对其创建的外业人员有删除权限,已分配任务的人员不可删除。

9)地图工具

该平台同时提供地图工具,可实现基本的地图操作,如"复位""分屏""测距""测面"等。点击"复位"

按钮可对当前地图位置进行复位并调整到全域视图;点击"分屏"按钮可分屏选择展示图层并进行对比显示,如图 4-153 所示;点击"测距"按钮可在地图上点击多个点,双击结束选点,并进行所选点位间距离测量;点击"测面"按钮可在地图上点击多个点,双击结束选点,并进行所选点位构成的多边形面积测量,如图 4-154 所示;点击"清除"可清除界面上已展示的数据。

图 4-153 "分屏"功能展示效果图

图 4-154 "测面"功能效果图

**2. 移动核查端(APP)效果**

1)系统登录

启动移动核查端(APP)软件后,根据管理员分配的外业核查人员账号和密码即可登录系统,如图 4-155 所示。

图 4-155 移动核查 APP 登录界面图

2）主界面

标题栏显示软件名称，可进行设置、关闭软件；

地图区域显示图斑分布，按照未核查和已核查进行渲染，影像底图默认加载在线天地图影像；

功能图标包括我的位置、GPS设置、地图导航和图层设置；

底部菜单栏包括任务、属性、野外验证、采矿权核查、探矿权核查和工具几部分，如图4-156所示。

图4-156　移动核查APP主界面图

3）核查任务管理

登录后默认进入任务界面，后续可在地图界面左下"任务"按钮切入。可查看所有任务，任务卡片显示核查情况，点击同步可刷新获取新任务，若有新的任务，卡片按钮会提示重新下载。选中任务卡片，点击"提交"可将当前任务中所有已核查成果提交。

4）图层控制

点开右下图层列表，可控制各图层（含参考图层）显隐，默认都开启。

5）定位设置

点击左侧GPS定位按钮，开启GPS后，可查看定位信号强弱，点击我的位置可将视图缩放至当前定位区域。

6）核查轨迹记录

开启定位后，会自动开启定位轨迹记录，在外业人员核查过程中会生成轨迹线，可实时查看，在图层控制处可设置其显示隐藏状态。

7）核查图斑属性查看

选中单个图斑，点击属性可查看选中对象属性信息并支持编辑修改，如图4-157所示。

8）图斑实地核查

经导航到达核查图斑所在地，对图斑问题进行现场信息填报，并进行拍照取证。经实地核查后的图斑的矢量颜色会变为绿色，点击提交可实时提交当前核查成果。

9）矿业权核查

矿业权核查包括采矿权核查和探矿权核查，两者流程一致，以采矿权核查为例进行说明。点击进入采矿权核查列表，可查看管理端下发的采矿权信息以及外业人员自主采集采矿权信息，点击进入可查看和修改。可按照已核查、未核查进行筛选。点击右下"添加"按钮，可添加一条采矿权核查记录。属性按照原始表单进行分组，支持编辑和修改，填写完成后保存，提交。如图4-156所示。

图 4-157　移动核查 APP 图斑属性查看编辑界面图

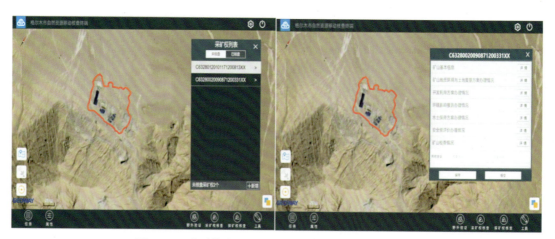

图 4-158　移动核查 APP 矿业权核查实地填报内容列表

(二)持续开展卫星遥感动态监测,形成常态化业务能力

针对格尔木市自然资源特色,结合格尔木市自然资源局监管业务需求,开展了辖区内矿山动态巡查工作,实现了数据接收、数据管理、数据处理、信息提取、实地核查全流程业务化精准服务,有效支撑并保障了格尔木市自然资源局矿山执法工作。在该项特色应用中,处理制作了格尔木市 2020 年遥感影像 93 景(157G)、2021 年 1 月—2022 年 1 月高分影像 248 景共 3 297.7 G 的海量数据,数据类型涵盖资源三号、高分一号、高分二号、高分六号、高分七号等卫星。利用 2020 年格尔木市本底数据完成了该年度辖区内矿山开发利用状况和矿山地质环境遥感解译工作,摸清了格尔木市矿产资源开发利用、矿山环境的本底状况;利用 2021 年"月度"影像数据开展了辖区内矿山动态巡查工作,共发现矿山占地变化图斑 158 处,其中合法矿山开发占地变化图斑 103 处,疑似违法矿山开发占地变化图斑 55 处(图 4-159),持续发生变化图斑 63 处(图 4-160)。

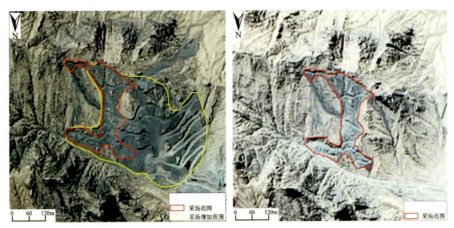

图 4-159　疑似违法开采（建筑用石灰岩）遥感监测变化图斑

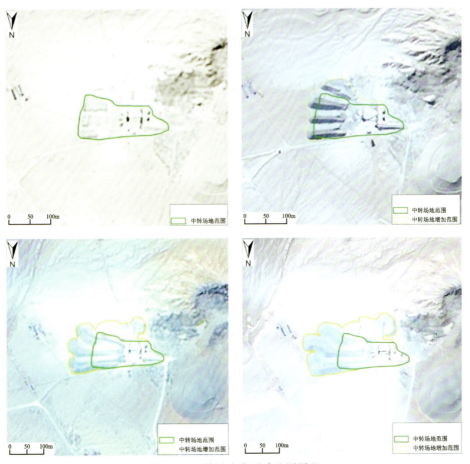

图 4-160　持续变化遥感监测图斑

对室内遥感巡查提取的矿山变化图斑按"月初下、月中核"的模式开展了实地查证（图 4-161），以月度为单位实施核查 12 次，核查图斑 158 处，实地拍照取证 1400 余张、生成核查记录卡片 190 余张，核查成果以月报形式反馈至格尔木市自然资源局。该项工作的开展有效支撑了格尔木市自然资源局矿山执法与矿政管理工作，大幅提升了监管效率。

鉴于自然资源遥感监测典型应用的示范效应，格尔木市自然资源局持续开展了"格尔木市 2020—2021 年自然资源违法图斑核查""2022 年格尔木市矿山动态巡查"，形成了常态化业务合作机制。

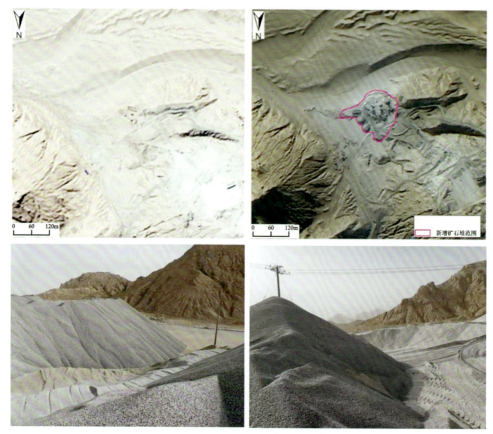

图 4-161 矿山变化图斑实地核查效果图

### (三)初步搭建省市卫星应用技术体系

以本次工作定制研发的自然资源遥感监管智能终端为工具,贯通了与青海省自然资源卫星应用技术平台的数据链路,形成了一套集室内巡查与野外核查于一体、省-市联动的自然资源遥感监测监管业务流程(图 4-162),省级卫星中心与市级节点间的数据产品与应用服务传输实现了全流程信息化,形成了数据资源共享的应用新局面,使市级自然资源管理工作初步具备了"天上看、地上查、网上管"三位一体的模式雏形。

市级自然资源遥感监测监管业务流程包括数据接收、数据处理、自然资源变化图斑提取、核查任务下发/接收、实地取证填报、成果提交、统计分析等。

(1)依托青海省自然资源卫星应用技术平台完成多源多时相遥感影像的接收,利用影像自动化处理系统开展集群化、批量化自动数据处理,利用智能解译系统结合人工判读的方法完成自然资源变化图斑的提取,将影像产品及监测成果推送至自然资源遥感监管智能终端,完成自然资源遥感室内巡查工作。

(2)由自然资源遥感监管智能终端的监管平台(PC 端)完成影像产品及监测成果的接收、存储与管理,制订核查任务,完成图斑核查任务下发。

(3)在移动核查终端(APP)接收核查任务,完成任务分配。

(4)野外核查作业人员经自动导航到实地进行拍照、登记、信息填报,完成实地取证。

(5)实地取证完成后将核查成果上传至自然资源遥感监管平台(PC 端),完成核查成果的统计分析,自动更新数据库相关数据内容、属性,并自动生成统计报表、报告等。

(6)自然资源遥感监管平台(PC 端)根据数据库实时更新情况,可对时序影像、监测图斑、专项业务数据等进行大屏展示浏览、统计分析等,支撑地方自然资源监管、决策。

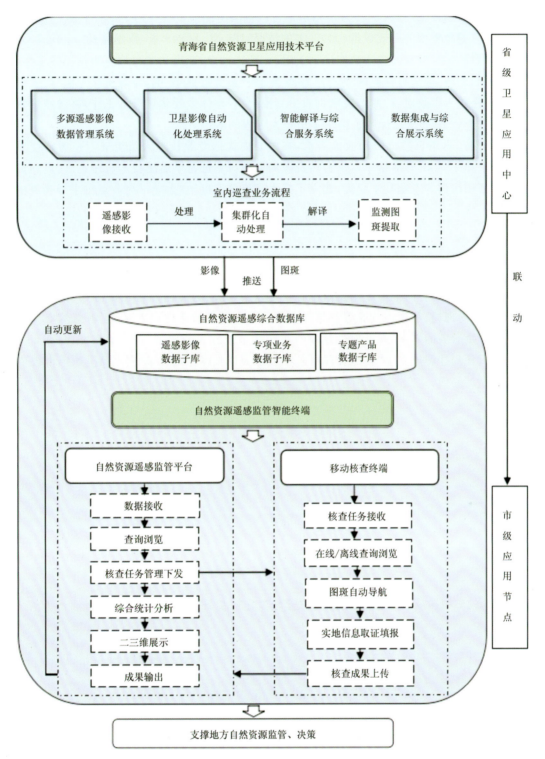

图 4-162　省-市联动的自然资源遥感监测监管业务流程图

## (四)建立了卫星影像统筹、技术交流培训机制

面向格尔木市自然资源局管理需求,青海省自然资源卫星应用技术平台全力保障格尔木市级节点数据需求,做到了"应共享、尽共享"。2021年向格尔木市级节点推送"格尔木市2020年与2021年影像

一版图"成果产品2期;2021年1—12月格尔木市行政范围内涵盖资源三号、高分一号、高分二号、高分六号、高分七号等卫星类型的有效数据(无云、雪的情况)165期,共248景,数据量达3 297.7 G;针对格尔木市自然资源局"矿产资源开发违法取证回头看"专项行动,快速启动应急响应数据保障工作,通过历史存档数据查询、调取,推送目标矿区2014—2021年高分影像数据12期,有效支撑了偷/盗采行为影像取证工作;针对格尔木市政府就"西宁特殊钢股份有限公司"整体搬迁建厂选址工作,推送城区分辨率为1 m的影像正射产品1期,支撑保障了格尔木市重大工程的落地。

同时,根据格尔木市自然资源局业务需求,在中心内优选专业技术人员组成卫星遥感技术专家团队,2021年9月、2022年7月对格尔木市自然资源局业务科室进行了遥感技术应用宣讲、自然资源遥感监管智能终端使用培训等专题技术交流,建立了技术交流培训机制,指导市级节点自主开展卫星遥感应用工作。

### (五)格尔木市级节点挂牌

自2018年自然资源青海卫星应用技术中心获批以来,先后与海西州自然资源局、格尔木市自然资源局、海西州盐湖管理局、茫崖市政府等业务对口单位多次进行节点建设对接,了解自然资源管理部门对遥感数据及应用服务的需求,有针对性地制订了市级节点建设及服务方案,2021年5月25日,依托格尔木市自然资源局挂牌成立了"自然资源格尔木卫星应用技术中心",青海省卫星遥感市级节点建设工作开创了崭新的局面。

# 第五章 结论与建议

## 一、结 论

1）建成青海省自然资源卫星应用技术平台，实现国产卫星数据的准实时汇聚和服务

以天空地一体化的空间科技为切入点，基于遥感、导航、GIS 等天空地一体化技术手段，设计研发了青海省自然资源卫星应用技术平台，打通了部、省数据传输链路，实现国产卫星数据 24 h 不间断实时接收和准实时汇聚，实现了多源国产卫星数据的统筹管理和采集、快速处理与生产、专题信息提取与评价、信息共享服务与综合展示于一体的一站式服务。自 2019 年 3 月 12 日正式接入自然资源部国土卫星遥感应用中心云服务平台以来，截至 2022 年 3 月 12 日，青海省自然资源卫星应用技术平台已成功接收 14 颗国产卫星的原始数据 998 批，共 63 750 景，数据量达 78 201.24 GB，为青海区域资源环境长期监测及动态巡查提供了有力的技术支撑，推动了国产卫星数据在青海的规模化应用。

青海省自然资源卫星应用技术平台包括数据综合管理、卫星影像自动化集群处理、遥感智能解译、遥感数据集成与综合展示四大系统。其中，数据综合管理系统采用多层架构设计，通过采用空间数据库技术进行系统的建设，并通过并行调度后台服务器资源进行高效归档，实现海量多源异构数据的入库、查询、统计、分发、订单管理与输出应用；卫星影像自动化集群处理系统运用多层次并行计算框架设计，采用基于 GPU-CPU 混合协同并行处理的 MOCG 计算模型及控制基准网技术，有效实现了国内海量的国产卫星数据（包括高分一号、高分一号 B 星、高分一号 C 星、高分一号 D 星、高分二号、高分六号、高分七号、资源一号 02C、资源一号 02D、资源三号 01 星、资源三号 02 星、资源三号 03 星等）以及国外商用卫星 SPOT-5、IKONOS、ALOS、QuickBird、Aster、Landsat、WorldView1/2/3、GeoEye1/2 等多源遥感大数据的快速几何精校正、自动 DSM/DEM 生产、自动 DOM 生产、影像数据质检、卫星影像基准网建设等处理和生产，不论在常规处理还是在实时处理方面均体现出速度、精度优势，目前可实现常态化业务应用需求下日均 100 景和密集型产品生产需求下日均 150 景的正射影像标准产品自动化生产；遥感智能解译系统模拟人脑分层结构的神经计算模型，通过深度学习构建多层神经网络来抽取自然目标特征，形成更加抽象的遥感地物信息的高层特征模型实现遥感影像的自动解译，目前已构建水体（河流、湖泊）、建筑、光伏用地、新增构筑物等自然资源要素自动化、规模化提取的模型，支持高效并行批量处理，辅以半自动技术进行辅助交互提取和边界修边，相较于传统信息提取方法，其自动化程度大大提升，减少了人工投入量，解决了传统人工作业效率低的问题，提取精度可随样本的累积大大提高。

该平台是青海省首次整装建成的集数据综合管理、影像自动集群处理、遥感智能解译、综合展示于一体的全链路、业务化的一站式遥感大数据应用平台，为遥感大数据规模化、产业化应用提供了保障。

2）常态化支撑卫片执法，有效服务于省厅与地方自然资源系统"两统一"职责

依托青海省自然资源卫星应用技术平台，立足自然资源面向社会多领域，已开通 19 家数据节点，通过线上、线下方式高效提供数据支持和产品服务，三年来影像服务达 15 077 景，数据量约 37 035.5 GB；

逐步形成了按周生产的监测模式，2020—2022年向省厅相关单位提交青海省自然资源变化图斑6170处，为自然资源执法监察工作提供了及时、准确的线索，开创了土地卫片执法的新模式；以"托管服务"模式，推进市县级卫星应用技术中心节点建设，联合格尔木市自然资源局建设"自然资源格尔木卫星应用技术中心"；开展了3·15青海省达日县草原火灾、5·22果洛州玛多$M_S$7.4地震和1·08海北州门源$M_S$6.9地震的遥感应急监测及其地质环境影响情况的调查，为相关部门提供了客观、及时、准确的影像资料和灾情信息；在青海省第三次全国国土调查、青海省黄河流域生态保护和高质量发展战略、"大棚房"问题专项清理整治、违建别墅清查整治专项行动、土地（矿产）卫片执法、矿业权地质环境恢复治理成效"回头看"、青海省地勘项目绿色勘查遥感动态监测、河湖应急监测、农村乱占耕地建房问题整治等专项工作中发挥了重要作用，提供了多样化的卫星数据和应用产品，常态化支撑国土卫片执法，卫星遥感监测助力自然资源管理水平进一步走向精细化；并为青海省多个行业部门的业务化监测应用提供了强大的数据支撑，高效服务省级自然资源管理与生态文明建设工作。

3）逐步完善青海高原的资源环境变化遥感监测技术体系，推动遥感大数据产业化应用

基于多源国产卫星数据，进一步完善了青海高原地区地质环境、地质灾害、湖泊水体、冰川等资源环境要素的遥感信息获取与解析机理，构建了面向青海高原的"数据获取—技术方法—典型应用—系统研发"资源环境变化遥感监测技术体系，推动了青海省遥感大数据应用关键共性技术研发、成果转化、产业化应用。

（1）基于深度学习方法开展遥感智能信息提取技术研究，实现对青海省新增线性地物、新增建（构）筑物、新增推填土等信息的自动化、批量化智能提取和业务化生产，2020年向省厅相关单位提交青海省自然资源变化图斑18批次，3867个有效图斑，2021年提交变化图斑1412处。

（2）开展了玛多$M_S$7.4地震应急监测，依托青海省自然资源卫星应用技术平台，结合震前高分一号、高分二号等正射影像，从多尺度对5·22玛多地震所引发的地震破裂带、道路、桥梁等基础设施损毁情况以及地质环境变化等方面进行遥感调查，发现5·22玛多地震引发的地表裂缝约1086条，断层上升泉数量多达1000处，沿地表破裂带积水后新形成210处热融湖塘，并致使热融湖塘面积快速增加，新增水面面积约5.39 km²，为后续灾后重建和生态修复工作的开展提供重要的参考依据。

（3）采用InSAR技术对2022年门源地震时序形变进行监测，获取了该地区震前、震后一年来的时序变化结果，时序结果详细展示了2021年3月16日至2022年3月11日期间震区地表形变变化，形变速率不超过0.5 m/a，地震前后一年来整个震区并未有显著的、大范围、大形变发生，以DInSAR形变场为约束，基于弹性半空间位错模型反演了震源参数，沿走向的滑动分量约10.00 m，倾向的滑动分量约2.19 m，断层倾角约82.33°，属于高倾角走滑型地震，也为发震机制等地震学研究提供了关键信息。

（4）初步建立了青海典型地区地质灾害天空地一体化遥感监测体系，基于时序SBAS-InSAR技术，联合升降轨SAR影像，在不同成像几何下反演获取了地表形变信息，结合孕灾背景资料，辅以高分辨率光学影像筛选，开展滑坡隐患早期识别，识别出同仁市内滑坡隐患19处。

（5）提出了多源多尺度及主被动遥感融合的高原冰川要素遥感提取方法，基于青海省自然资源卫星应用技术平台的数据优势，利用Landsat、高分一号、高分二号、高分七号、高分一号B星/C星/D星、资源三号、SRTM DEM、ALOS PALSAR DEM、ICESat-2、Sentinel 1A等多源卫星数据，开展了长江源区典型冰川面积变化、冰川高程变化、冰川储量和冰川表面流速等监测工作，初步掌握了长江源区冰川分布现状、发育特征、退化趋势及其影响因素。

（6）建立了基于高原盐湖光谱特性下的总磷、溶解氧等水质参数反演模型，利用ZY-1 02D卫星开展达布逊盐湖的溶解氧和总磷浓度反演研究，经与地面独立验证样本比对分析，两个参量的决定系数分别为0.999 4、0.778 8，反演结果与地面样本测试结果具有较好的一致性。

（7）利用基于岩矿光谱特征参量的矿物识别方法和基于光谱相似性度量的矿物识别方法，在青海省3个示范区开展了高光谱矿物识别，通过改进MNF变换的波段比值及阈值分割等综合技术，提升了国

产高光谱数据反演能力,较为准确地识别出褐铁矿、绿泥石、黄钾铁矾、绢云母、方解石、白云石、针铁矿、伊利石、高岭石等蚀变矿物,对该地区的地质矿产勘查工作起到了一定的指导作用。

(8)积极推进市级卫星中心建设,通过省市-市联动的方式开展市县节点建设工作,构建格尔木自然资源遥感监管平台,搭建土地、矿产资源等专题应用;解决了青海省格尔木市自然资源监管中基础数据获取的及时性、准确性、全面性,打通了数据获取、数据处理、信息化应用链路,显著提升卫星应用的时效性和覆盖面,真正做到"纵向到底",实现了部分自然资源监管工作的业务化运行。

4)推广卫星遥感技术,社会效应显著

编制完成《卫星图说"新"玉树》图集,为纪念玉树"4·14"地震10周年献礼;在主流媒体上先后发表了《青海省卫星技术实现陆海对接》《高分影像带您走进"动物世界"》《可可西里湖泊动态封冻》《卫星回眸青海湖》《星阅黄河》《高分七号卫星立体影像震撼来袭——"站"起来的高清地图》《青海湖证件照》《卫星遥看青海湖鸟岛、沙岛十年之变》《跟随总书记的脚步"遥"看青海湖畔的生态发展》等20余篇专题报道。相关宣传成果受到了新华网、新浪网、中国新闻网、环球网、光明网、中国日报网、澎湃新闻、海外网、《人民日报》《青海日报》、"学习强国"等国内20余家主流媒体报道的高度关注,被广泛转发,引起社会的广泛关注和热烈反响。

## 二、问题与建议

(一)存在的问题

青海省自然资源卫星应用技术平台的建立,为青海省冰川自然资源遥感监测、青海省卫片执法动态监测、同仁市滑坡早期识别、盐湖水环境遥感监测、玛多地震应急监测等项目的开展提供了遥感影像的快速查询、分析、推送等基础数据保障,提升了青海省资源环境等遥感监测与服务能力。平台的运行,满足了省级卫星中心对数据信息化管理的需求,为提升省级卫星中心遥感信息共享服务能力和应用水平发挥了重要作用。但是在实际工作中还是遇到了很多困难,也发现了一些问题。

(1)围绕自然资源主责主业,目前青海省、市、县级卫星应用技术体系建设尚不健全,有待进一步贯通,还未形成"纵向到底、横向到边"的卫星应用体系,全面推进卫星应用服务能力。

(2)在安全体系方面,青海省自然资源卫星应用技术平台目前还没有明确的灾备和异地备份机制,需要在下一步工作中逐步完善。特别是平台初见规模,数据量庞大,需要逐步健全网络安全体系和运行维护机制等。

(3)依托青海省自然资源卫星应用技术平台,目前开展了山水林田湖草等自然资源调查、矿山环境监测、地质灾害应急调查与监测、自然资源执法监管等业务应用,但面向自然资源新任务、新要求,在自然资源资产管理、国土空间规划体系建立和监督实施等方面的应用力度有待加强。同时,行业应用深度不够,尚未完全融入到政府管理过程中,也未能应用到纵向的市县级自然资源管理决策中。

(4)现有系统因考虑数据保密管理问题布设在涉密局域网上,远远不能满足卫星中心贯通到市、县(区)的服务需求,遥感数据保密管理制约着数据的使用和推广。如何在现有条件下加快数据的共享使用,是平台建设今后需要思考的问题。

(二)建议

青海省自然资源卫星应用技术平台建设是推动国家部委完善国产卫星应用发展规划、建设自然资源卫星应用体系、落实建设省级卫星应用技术中心的重要举措。通过3年的建设,青海省自然资源卫星应用技术平台取得了显著的成绩,但也暴露了一些问题,为了今后能持续提升青海卫星应用技术的发展,结合平台应用现状,提出以下几点工作建议。

**1. 拓宽应用服务领域**

平台基础数据、功能、工具等还需要在实际应用中不断优化和完善,形成"建以为用,以用促建"的良性循环。重点结合青海省自然资源厅"两统一"职责和业务,兼顾青海省政府和其他部门关于生态文明建设等需求,逐步拓宽应用服务范围。针对平台应用过程中存在的机制性、制度性问题,不断地完善平台管理制度和标准规范,确保平台充分发挥实用价值。

**2. 提升遥感智能服务水平**

在青海省自然资源卫星应用技术平台建设的基础上,建议进一步实现空间遥感大数据与社会经济数据资源的融合,着力应用青海省自然资源卫星应用技术平台现有研发成果,将人工智能、超算等新一代信息技术应用到未来的行业末端,增强技术平台的数据汇聚和服务能力,与相关部门合作建立全流程应用支撑系统,形成业务化运行体系,提高行业服务能力,在青海高原及其他地区的多个应用领域中得到深度应用和发挥引领作用,产生了明显的社会、经济和科学效益,提升了各级政府科学决策、快速决策和客观决策的能力,在服务青海省生态文明建设的过程中发挥了重要作用。

**3. 推进青海高原的资源环境变化遥感监测技术体系建设**

依托青海省自然资源卫星应用技术平台,继续推进青海高原的资源环境变化遥感监测技术体系建设,加强资源环境遥感技术体系研发,提升定量遥感水平,加强技术创新,拓展数据应用。加强高光谱、雷达等新型载荷应用技术攻关,提升定量化监测能力,并结合自然资源监管业务做好应用示范。通过不断服务于省级自然资源主体业务,将卫星应用技术深入各级自然资源主管部门,成为履行职责的重要技术支撑。加强遥感应用技术推广普及,按照"横向到边,纵向到底"的要求,面向自然资源国家、省、市、县四级部门,自然资源相关部门,科研院所及社会公众数据共享需求,提供自然资源数据服务、基础服务、专题服务和大数据服务的注册、浏览、查询、申请等服务,形成自然资源服务广泛、全面共享机制,发挥遥感数据价值。

**4. 创新卫星遥感服务模式**

通过增强青海省自然资源卫星应用技术平台的服务能力,着力开展卫星应用市(县)级节点建设,进一步拓展完善应用服务网络,从而打造卫星遥感应用新生态,进一步健全、完善省级中心、市级节点运行与协调机制。在向市级节点常态化推送相应的成果数据和变化图斑等数据的基础上,结合技术下沉等方式,推动市级节点应用需求落地,提高卫星遥感数据的服务效能。

# 参考文献

边钊,唐娉,闫珺,2021.关键词规范化对文献主题信息挖掘的影响[J].中国科技期刊研究,32(12):1535-1548.

蔡丽雯,黄勇,张昊宇,等,2021.2021年青海玛多7.4级地震共玉高速震害与启示[J].世界地震工程,37(3):47-56.

曹海翊,刘付强,赵晨光,等,2021.高分辨率立体测绘卫星技术研究[J].遥感学报,25(7):1400-1410.

陈军,武昊,张继贤,等,2022.自然资源调查监测技术体系构建的方向与任务[J].地理学报,77(5):1041-1055.

陈玲,贾佳,王海庆,2019.高分遥感在自然资源调查中的应用综述[J].国土资源遥感,31(1):1-7.

邓建辉,戴福初,文宝萍,等,2019.青藏高原重大滑坡动力灾变与风险防控关键技术研究[J].工程科学与技术,51(5):1-8.

邓起东,高翔,陈桂华,等,2010.青藏高原昆仑-汶川地震系列与巴颜喀拉断块的最新活动[J].地学前缘,17(5):163-178.

董金玮,匡文慧,刘纪远,2018.遥感大数据支持下的全球土地覆盖连续动态监测[J].中国科学:地球科学,2(48):259-260.

董双发,王瑞军,李名松,等,2017.甘肃拾金坡金矿床航空高光谱遥感异常信息解析与找矿应用[J].黄金,38(1):10-16.

董新丰,甘甫平,李娜,等,2020.高分五号高光谱影像矿物精细识别[J].遥感学报,24(4):45-46.

董彦芳,袁小祥,王晓青,等,2012.2010年青海玉树$M_S$7.1地震地表破裂特征的高分辨率遥感分析[J].地震,32(1):82-92.

杜程,李得林,李根军,等,2021.基于高原盐湖光谱特性下的溶解氧反演应用与探讨[J].自然资源遥感,33(3):246-252.

段洪涛,曹志刚,沈明,等,2022.湖泊遥感研究进展与展望[J].遥感学报,26(1):3-18.

范一大,吴玮,王薇,等,2016.中国灾害遥感研究进展[J].遥感学报,20(5):1170-1184.

付东杰,肖寒,苏奋振,等,2021.遥感云计算平台发展及地球科学应用[J].遥感学报,25(1):220-230.

盖海龙,姚生海,杨丽萍,等,2021.青海玛多"5·22"$M_S$7.4级地震的同震地表破裂特征、成因及意义[J].地质力学学报,27(6):899-912.

甘甫平,董新丰,闫柏琨,等,2018.光谱地质遥感研究进展[J].南京信息工程大学学报(自然科学版),10(1):44-62.

甘甫平,王润生,2007.高光谱遥感技术在地质领域中的应用[J].国土资源遥感(4):57-60.

甘甫平,王润生,马蔼乃,2003.基于特征谱带的高光谱遥感矿物谱系识别[J].地学前缘(中国地质大学,北京),10(2):445-454.

甘甫平,王润生,马蔼乃,等,2003.遥感地质信息提取集成与矿物遥感地质分析模型[J].遥感学报,7(3):207-213.

高平,2016.国土资源卫星遥感应用与发展[J].卫星应用(7):27-29.

葛大庆,戴可人,郭兆成,等,2019.重大地质灾害隐患早期识别中综合遥感应用的思考与建议[J].武汉大学学报(信息科学版),44(7):949-956.

郭丁,李姗姗,陈宗信,等,2022.高分卫星自然资源调查需求满足度评估[J].遥感学报,26(3):579-587.

郭华东,李新武,2011.新一代 SAR 对地观测技术特点与应用拓展[J].科学通报,56(15):1155-1168.

郭华东,张露,2019.雷达遥感六十年:四个阶段的发展[J].遥感学报,23(6):1023-1035.

郭文斌,嘉世旭,段永红,等,2016.青藏高原东北缘基底结构研究—玛多-共和-雅布赖剖面上地壳地震折射探测[J].地球物理学报,59(10):3627-3636.

韩海辉,任广利,张转,等,2018.北山方山口地区典型蚀变岩矿的光谱特征研究[J].西北地质,51(4):263-275.

何国金,王桂周,龙腾飞,等,2018.对地观测大数据开放共享:挑战与思考[J].中国科学院院刊,33(8):783-790.

何毅,杨太保,杜鹃,等,2013.基于 GIS 和 RS 的中亚阿拉套山脉近 22 年来冰川变化[J].水土保持研究,20(6):130-134.

华俊,赵德政,单新建,等,2021.2021 年青海玛多 $M_W$7.3 地震 InSAR 的同震形变场、断层滑动分布及其对周边区域的应力扰动[J].地震地质,43(3):677-691.

黄润秋,李为乐,2009.汶川地震触发地质灾害的断层效应分析[J].工程地质学报,17(1):19-28.

姜丽光,刘俊,张星星,2022.基于卫星雷达测高技术的湖库动态监测理论、方法和研究进展[J].遥感学报,26(1):104-114.

姜卫平,许才军,李志伟,等,2022.利用空间观测技术研究青海玛多 7.4 级地震孕育发生变形时空特征[J].地球物理学报,65(2):495-508.

姜文亮,张景发,申旭辉,等,2018.高分辨率遥感技术在活动断层研究中的应用[J].遥感学报,22(s1):192-211.

金会军,王绍令,吕兰芝,等,2010.黄河源区冻土特征及退化趋势[J].冰川冻土,32(1):10-17.

荆凤,申旭辉,洪顺英,等,2008.遥感技术在地震科学研究中的应用[J].国土资源遥感,76(2):5-8.

李聪聪,王佟,王辉,等,2021.木里煤田聚乎更矿区生态环境修复监测技术与方法[J].煤炭学报,46(5):1451-1462.

李德仁,童庆禧,李荣兴,等,2012.高分辨率对地观测的若干前沿科学问题[J].中国科学:地球科学,42(6):805-813.

李德仁,张良培,夏桂松,2014.遥感大数据自动分析与数据挖掘[J].测绘学报,43(12):1211-1216.

李德仁,2019.论时空大数据的智能处理与服务[J].地球信息科学学报,21(12):1825-1831.

李根军,杨雪松,张兴,等,2021.ZY1-02D 高光谱数据在地质矿产调查中的应用与分析[J].国土资源遥感,33(2):134-140.

李根军,张焜,李善财,等,2017.GF-1 数据在柴达木盆地北缘大柴旦地区找矿预测中的应用[J].矿产勘查,8(4):672-681.

李国元,唐新明,2017.资源三号 02 星激光测高精度分析与验证[J].测绘学报,46(12):1939-1949.

李国元,唐新明,2022.高分七号卫星激光测高数据大型湖泊水位测量精度评估[J].遥感学报,26(1):138-147.

李国元,唐新明,陈继溢,等,2021.高分七号卫星激光测高数据处理与精度初步验证[J].测绘学报,50(10):1338-1348.

李国元,唐新明,周晓青,等,2022.高分七号卫星激光测高仪无场几何定标法[J].测绘学报,51(3):401-412.

李海兵,潘家伟,孙知明,等,2021.大陆构造变形与地震活动—以青藏高原为例[J].地质学报,95(1):194-213.

李劲东,2022.中国高分辨率对地观测卫星遥感技术进展[J].前瞻科技,1(1):112-125.

李连营,徐之俊,邢光成,等,2021.多源卫星影像数据管理系统设计与实现[J].地理空间信息,19(12):123-125.

李晓恩,周亮,苏奋振,等,2021.InSAR技术在滑坡灾害中的应用研究进展[J].遥感学报,25(2):614-629.

李晓民,燕云鹏,刘刚,等,2016.ZY-1 02C星数据在西藏札达地区水文地质调查中的应用[J].国土资源遥感,28(4):141-148.

李晓民,张焜,李冬玲,等,2017.青藏高原札达地区多年冻土遥感技术圈定方法与应用[J].国土资源遥感,29(1):57-64.

李鑫,殷翔,姚生海,等,2021.青海玛多7.4级地震重灾区房屋震灾调查及分析[J].地震工程学报,43(4):896-902.

李媛茜,张毅,苏晓军,等,2021.白龙江流域潜在滑坡InSAR识别与发育特征研究[J].遥感学报,25(2):677-690.

李增元,陈尔学,2021.中国林业遥感发展历程[J].遥感学报,25(1):292-301.

李振洪,宋闯,余琛,等,2019.卫星雷达遥感在滑坡灾害探测和监测中的应用:挑战与对策[J].武汉大学学报(信息科学版),44(7):967-979.

李志忠,汪大明,刘德长,等,2015.高光谱遥感技术及资源勘查应用进展[J].地球科学(中国地质大学学报),40(8):1287-1294.

李智敏,盖海龙,李鑫,等,2022.2022年青海门源$M_S6.9$级地震发震构造和地表破裂初步调查[J].地质学报,96(1):330-335.

李智敏,李文巧,李涛,等,2021.2021年5月22日青海玛多$M_S7.4$地震的发震构造和地表破裂初步调查[J].地震地质,43(3):722-737.

李宗仁,李根军,辛荣芳,等,2019.基于GF-1卫星数据岩性自动化识别方法试验[J].地理空间信息,17(4):20-24.

廖明生,董杰,李梦华,等,2021.雷达遥感滑坡隐患识别与形变监测[J].遥感学报,25(1):332-341.

廖明生,张路,史绪国,等,2017.滑坡变形雷达遥感监测方法与实践[M].北京:科学出版社.

廖小罕,2021.中国对地观测20年科技进步和发展[J].遥感学报,25(1):267-275.

刘德长,邱骏挺,闫柏琨,等,2018.高光谱热红外遥感技术在地质找矿中的应用[J].地质论评,64(5):1190-1200.

刘国祥,陈强,罗小军,等,2019.InSAR原理与应用与实践[M].北京:科学出版社.

刘立,李长安,高俊华,等,2022.多源卫星遥感的湖南矿山违法开采时空变化[J].遥感学报,26(3):528-540.

刘立,文学虎,李平,等,2020.面向重点建设项目的空天地一体动态监测框架设计[J].地理信息世界,27(1):118-121.

刘炜,张昊宇,黄勇,等,2021.2021年青海玛多7.4级地震典型建筑震害对比及讨论[J].世界地震工程,37(3):57-64.

刘瑶,李俊生,肖晨超,等,2022.资源一号02D高光谱影像内陆水体叶绿素a浓度反演[J].遥感学报,26(1):168-178.

刘银年,孙德新,梁建,等,2020.资源一号02D卫星高光谱相机在轨性能及稳定性评估[J].航天器工程,29(6):93-97.

柳钦火,吴俊君,李丽,等,2018."一带一路"区域可持续发展生态环境遥感监测[J].遥感学报,22(4):686-708.

鲁安新,姚檀栋,刘时银,等,2002.青藏高原各拉丹冬地区冰川变化的遥感监测[J].冰川冻土(5):559-562.

马世斌,张焜,皮英楠,等,2022.新疆地区矿产开采强度变化遥感分析[J].遥感信息,37(1):19-24.

马寅生,张永双,胡道功,等,2010.玉树地震地表破裂与宏观震中[J].地质力学学报,16(2):115-128.

马玥,姜琦刚,李远华,等,2016.国内外商用遥感卫星的定量化对比分析与评估[J].国土资源遥感,28(1):1-6.

聂勇,张镱锂,刘林山,等,2010.近30年珠穆朗玛峰国家自然保护区冰川变化的遥感监测[J].地理学报,65(1):13-28.

潘家伟,白明坤,李超,等,2021.2021年5月22日青海玛多$M_S$7.4地震地表破裂带及发震构造[J].地质学报,95(6):1655-1670.

彭令,徐素宁,梅军军,等,2017.地震滑坡高分辨率遥感影像识别[J].遥感学报,21(4):509-518.

钱程,韩建恩,朱大岗,等,2012.基于ASTER-GDEM数据的黄河源地区构造地貌分析[J].中国地质,39(5):1247-1260.

秦绪文,杨金中,康高峰,等,2011.矿山遥感监测技术方法研究[M].北京:测绘出版社.

任广利,梁楠,张转,等,2018.高光谱标志性蚀变矿物组合在找矿预测中的应用研究——以东昆仑东—西大滩一带金矿床为例[J].西北地质,51(2):93-107.

任广利,杨军录,杨敏,等,2013.高光谱遥感异常提取在甘肃北山金滩子—明金沟地区成矿预测中的应用[J].大地构造与成矿学,37(4):765-776.

任晓霞,杨飞,杨淑云,等,2019."地质云1.0"地质环境分节点技术实现[J].国土资源遥感,31(4):250-257.

申旭辉,张学民,崔静,等,2018.中国地震遥感应用研究与地球物理场探测卫星计划[J].遥感学报,22(增刊):1-16.

史绪国,许强,赵宽耀,等,2019.黄土台塬滑坡变形的时序InSAR监测分析[J].武汉大学学报(信息科学版),44(7):1027-1034.

宋耀东,赵鑫,邓国庆,2020.陕西省地理空间大数据中心建设运行模式探讨[J].地理空间信息,18(1):1-5.

苏小宁,熊仁伟,孟国杰,等,2022.2021年青海玛多$M_W$7.3地震地壳变形及区域孕震环境[J].地球物理学报,65(3):1032-1043.

孙伟伟,杨刚,陈超,等,2020.中国地球观测遥感卫星发展现状及文献分析[J].遥感学报,24(5):479-510.

唐超,邵龙义,2017.高光谱遥感地物目标识别算法及其在岩性特征提取中的应用[J].遥感技术与应用,32(4):691-697.

唐新明,李国元,2017.激光测高卫星的发展与展望[J].国际太空(11):13-18.

唐尧,王立娟,马国超,等,2019.利用国产遥感卫星进行金沙江高位滑坡灾害灾情应急监测[J].遥感学报,23(2):252-261.

童旭东,2016.中国高分辨率对地观测系统重大专项建设进展[J].遥感学报,20(5):775-780.

涂宽,文强,谌华,等,2019.GF-3全极化影像在地表浅覆盖区进行地质构造解译的新方法[J].遥感学报,23(2):243-251.

汪洁,刘小杨,杨金中,等,2020.基于国产高空间分辨率卫星数据的浙江省矿山环境恢复治理典型模式分析[J].国土资源遥感,32(3):216-221.

王冰,安慧君,吕昌伟,2013.基于多源遥感数据的呼伦湖溶解氧反演模型[J].生态学杂志,32(4):993-998.

王东华,张宏伟,2017.基于国产遥感卫星的典型要素提取技术框架[J].地理信息世界,24(1):9-13.

王海庆,杨金中,陈玲,等,2017.采煤沉陷区恢复治理状况遥感调查[J].国土资源遥感,29(3):156-162.

王军,2021.黄河流域空天地一体化大数据平台架构及关键技术研究[J].人民黄河,43(4):6-12.

王丽涛,王世新,周艺,等,2010.青海玉树地震灾情遥感应急监测分析[J].遥感学报,14(5):1053-1066.

王培玲,黄浩,刘文邦,等,2016.2015年玛多5.2级地震特征研究[J].高原地震,28(4):7-9.

王桥,2021.中国环境遥感监测技术进展及若干前沿问题[J].遥感学报,25(1):25-36.

王桥,刘思含,2016.国家环境遥感监测体系研究与实现[J].遥感学报,20(5):1161-1169.

王权,尤淑撑,2022.陆地卫星遥感监测体系及应用前景[J].测绘学报,51(4):534-543.

王茹,申茜,彭红春,等,2022.多源高分辨率卫星影像监测黑臭水体的适用性研究[J].遥感学报,26(1):179-192.

王腾,2019.自然资源卫片执法系统设计与实现[J].地理空间信息,17(7):75-77.

王腾,廖明生,2017.Sentinel-1卫星数据提取同震形变场:最新技术及震例[J].遥感学报,22(S1):124-131.

王腾,廖明生,2018.Sentinel-1卫星数据提取同震形变场:最新技术及震例[J].遥感学报,22(S1):120-127.

王未来,房立华,吴建平,等,2021.2021年青海玛多$M_S$7.4地震序列精定位研究[J].中国科学:地球科学,51(7):1193-1202.

王远超,彭毅,刘晓煌,等,2021.全国自然资源要素综合观测体系建设需求及发展动态[J].中国地质调查,8(2):47-54.

王媛,吴立宗,许君利,等,2013.1964—2010年青藏高原长江源各拉丹冬地区冰川变化及其不确定性分析[J].冰川冻土(2):255-262.

王振林,廖明生,张路,等,2019.基于时序sentinel-1数据的锦屏水电站左岸边坡形变探测与特征分析[J].国土资源遥感,31(2):204-209.

王志一,徐素宁,王娜,等,2018.高分辨率光学和SAR遥感影像在地震地质灾害调查中的应用——以九寨沟$M_S$7.0级地震为例[J].中国地质灾害与防治学报,29(5):81-88.

韦晶,明艳芳,刘福江,2015.基于光谱特征参数组合的高光谱数据矿物填图方法[J].地球科学(中国地质大学学报),40(8):1432-1440.

吴海平,黄世存,2019.基于深度学习的新增建设用地信息提取试验研究——全国土地利用遥感监测工程创新探索[J].国土资源遥感,31(4):159-166.

吴骅,李秀娟,李召良,等,2021.高光谱热红外遥感:现状与展望[J].遥感学报,25(8):1567-1590.

肖晨超,董丽娜,陈卫荣,等,2017.基于多因子分析的自主卫星境外地质调查服务能力研究[J].国土资源遥感,29(S1):8-12.

谢榕,刘亚文,李翔翔,2015.大数据环境下卫星对地观测数据集成系统的关键技术[J].地球科学进展,30(8):855-862.

熊仁伟,任金卫,张军龙,等,2010.玛多-甘德断裂甘德段晚第四纪活动特征[J].地震,30(4):65-73.

徐文,邵俊,喻文勇,等,2017.陆地观测卫星数据中心:大数据挑战及一种解决方案[J].武汉大学学报(信息科学版),42(1):7-13.

徐志国,梁姗姗,张广伟,等,2021.2021年5月22日青海玛多$M_S$7.4地震发震构造分析[J].地球物理学报,64(8):2657-2670.

许冲,戴福初,肖建章,2011."5.12"汶川地震诱发滑坡特征参数统计分析[J].自然灾害学报,20(4):147-153.

许君利,张世强,上官冬辉,2013.30 a来长江源区冰川变化遥感监测[J].干旱区研究,30(5):919-926.

许强,董秀军,李为乐,2019.基于天-空-地一体化的重大地质灾害隐患早期识别与监测预警[J].武汉大学学报(信息科学版),44(7):957-966.

许强,汤明高,黄润秋,2015.大型滑坡监测预警与应急处置[M].北京:科学出版社.

闫柏琨,王润生,2005.热红外遥感岩矿信息提取研究进展[J].地球科学进展,20(10):1116-1125.

闫凯,陈慧敏,付东杰,等,2022.遥感云计算平台相关文献计量可视化分析[J].遥感学报,26(2):310-323.

闫亭廷,严瑾,王文龙,2021.遥感大数据服务平台设计与实现[J].测绘与空间地理信息,44(4):76-79.

颜怀成,熊鹏波,薛娇,等,2021.省域自然资源遥感监测服务平台设计与实现[J].北京测绘,35(7):906-909.

杨斌,陈映,潭昌海,等,2021.青藏高原自然资源要素综合观测实施进展与展望[J].中国地质调查,8(2):37-46.

杨斌,郑旭,安丹,等,2021.河北省山水林田湖草生态保护修复遥感信息服务平台设计与实现[J].环境生态学,3(11):73-78.

杨金中,荆青青,聂洪峰,2016.全国矿产资源开发状况遥感监测工作简析[J].矿产勘查,7(2):359-363.

杨金中,聂洪峰,荆青青,2017.初论全国矿山地质环境现状与存在问题[J].国土资源遥感,29(2):1-7.

杨金中,秦绪文,张志,等,2011.矿山遥感监测理论方法与实践[M].北京:测绘出版社.

杨金中,孙延贵,秦绪文,等,2013.高分辨率遥感地质调查[M].北京:测绘出版社.

杨君妍,孙文科,洪顺英,等,2021.2021年青海玛多7.4级地震的同震变形分析[J].地球物理学报,64(8):2671-2683.

杨倩倩,靳才溢,李同文,等,2022.数据驱动的定量遥感研究进展与挑战[J].遥感学报,26(2):268-285.

杨清华,陈华,路云阁,等,2017.全国边海防地区基础地质遥感调查[J].中国地质调查,4(3):1-9.

姚生海,盖海龙,殷翔,等,2021.青海玛多 $M_S$7.4 地震地表破裂带的基本特征和典型现象[J].地震地质,43(5):1060-1072.

叶庆华,陈锋,姚檀栋,等,2007.近30年来喜马拉雅山脉西段纳木那尼峰地区冰川变化的遥感监测研究[J].遥感学报,11(4):511-520.

殷翔,李鑫,马震,等,2021.青海玛多 $M_S$7.4 地震震害特点分析[J].地震工程学报,43(4):868-875.

殷亚秋,杨金中,汪洁,等,2020.长江经济带废弃矿山占损土地遥感调查与生态修复对策[J].国土资源遥感,32(2):170-176.

殷跃平,张永双,马寅生,等,2010.青海玉树 $M_S$7.1 级地震地质灾害主要特征[J].工程地质学报,18(3):289-296.

尤淑撑,何芸,刘爱霞,等,2021.国产高分卫星数据在自然资源遥感监测中的应用[J].卫星应用(12):32-38.

尤淑撑,刘克,杜磊,等,2021.基于国产高分遥感卫星全国地表水遥感监测应用[J].卫星应用(6):21-26.

尤淑撑,张锐,董丽娜,等,2020.自然资源卫星遥感常态化监测框架设计及关键技术[J].地理信息世界,27(5):115-120.

于德浩,龙凡,杨清雷,等,2017.现代军事遥感地质学发展及其展望[J].中国地质调查,4(3):74-82.

张兵,2016.高光谱图像处理与信息提取前沿[J].遥感学报,20(5):1062-1090.

张兵,2017.当代遥感科技发展的现状与未来展望[J].中国科学院院刊,32(7):774-784.

张兵,2018.遥感大数据时代与智能信息提取[J].武汉大学学报(信息科学版),43(12):1861-1871.

张兵,黄文江,张浩,等,2016.地球资源环境动态监测技术的现状与未来[J].遥感学报,20(6):1470-1478.

张兵,李俊生,申茜,等,2021.长时序大范围内陆水体光学遥感研究进展[J].遥感学报,25(1):37-52.

张兵,李庆亭,张霞,等,2021.岩矿高光谱遥感[M].武汉:湖北科学技术出版社.

张博,李敏娟,2021.2021年青海玛多7.4级地震前地震活动异常特征分析[J].地震工程学报,43(4):826-833.

张灿,陈文凯,司宏俊,等,2021.青海玛多7.4级地震烈度快速评估[J].地震工程学报,43(4):876-882.

张富华,吴勇,李雁,等,2022.云南省高分遥感综合应用支撑平台示范应用及发展建议[J].卫星应用(3):27-34.

张继贤,顾海燕,杨懿,等,2021.高分辨率遥感影像智能解译研究进展与趋势[J].遥感学报,25(11):2198-2210.

张焜,李晓民,马世斌,等,2016.GF-1图像在中印边境楚鲁松杰村地质灾害调查中的应用[J].国土资源遥感,28(2):139-148.

张焜,李宗仁,马世斌,2015.基于ZY-1 02C星数据的遥感地质解译——以塔吉克斯坦帕米尔地区为例[J].国土资源遥感,27(3):144-153.

张焜,马世斌,李根军,等,2019.基于国产卫星数据的遥感找矿预测——以青海省柴北缘地区为例[J].遥感信息,34(1):58-68.

张焜,马世斌,李宗仁,等,2016.高分一号卫星数据遥感地质解译[J].遥感信息,31(1):115-123.

张岚,李琦,唐河,等,2022.2021年青海玛多$M_S$7.5地震的同震变形及断层滑动模型研究[J].地球物理学报,65(3):1044-1056.

张丽,李国庆,朱岚巍,等,2019.海南省遥感大数据服务平台建设与应用示范[J].遥感学报,23(2):327-335.

张琳,胡云云,闵志强,等,2019.遥感影像数据在自然资源管理应用中的问题探讨——以祁连山国家公园肃南县境范围为例[J].陕西林业科技,47(1):88-100.

张路,廖明生,董杰,等,2018.基于时间序列InSAR分析的西部山区滑坡灾害隐患早期识别——以四川丹巴为例[J].武汉大学学报(信息科学版),43:2039-2049.

张明华,2005.基于ETM+影像的西藏南迦巴瓦峰地区海洋性冰川信息提取[J].冰川冻土,27(2):226-232.

张伟,齐建伟,陈颖,等,2019.多源国产高分卫星联合区域网平差精度分析研究[J].国土资源遥感,31(1):125-132.

张希,江在森,王琪,等,2004.青藏高原北部地区构造变形特征及与强震关系[J].地球物理学进展,19(2):363-371.

张亚迪,李煜东,董杰,等,2019.时序InSAR技术探测芒康地区滑坡灾害隐患[J].遥感学报,23(5):987-996.

张增换,王建军,毛冬瑶,等,2021.玛多7.4级地震前临震微波动现象研究[J].地震工程学报,43(4):890-895.

赵海凤,李仁强,赵芬,等,2018.生态环境大数据发展现状与趋势[J].生态科学,37(1):211-218.

赵少华,刘思含,吴迪,等,2018.高分五号卫星生态环境领域应用前景[J].航天返回与遥感(3):115-120.

赵少华,刘思含,周春艳,等,2019.高分五号卫星在轨测试生态环境遥感监测应用[J].卫星应用(6):32-37.

赵文波,2019."中国高分"科技重大专项在对地观测发展历程中的阶段研究[J].遥感学报,23(6):1036-1045.

赵文波,李帅,李博,等,2021.新一代体系效能型对地观测体系发展战略研究[J].中国工程科学,23(6):128-138.

郑鸿瑞,徐志刚,甘乐,等,2018.合成孔径雷达遥感地质应用综述[J].国土资源遥感,30(2):12-20.

郑雄伟,彭李,尚坤,2021.基于国产卫星的遥感地质解译能力评估[J].自然资源遥感,33(3):1-10.

郑雄伟,杨金中,陈玲,等,2017.国土资源卫星地质矿产应用成效[J].国土资源遥感,29(S1):1-7.

朱大岗,孟宪刚,邵兆刚,等,2009.青海扎陵湖和鄂陵湖盆地第四纪河湖相地层研究[J].中国地质,36(6):1218-1232.

朱建军,宋迎春,胡俊,等,2021.测绘大数据时代数据处理理论面临的挑战与发展[J].武汉大学学报(信息科学版),46(7):1025 1031.

BOLCH T,2007. Climate change and glacier retreat in northern Tien Shan(Kazakhstan/Kyrgyzstan)using remote sensing data[J]. Global & Planetary Change,56(1):1-12.

BRANDT O,LANGLEY K,KOHLER J,et al,2007. Detection of buried ice and sediment layers in permafrost using multi-frequency ground penetrating radar:a case examination on Svalbard[J]. Remote Sensing of Environment,111(2/3):212-227.

HALL D,BAYR K,BINDSCHADLER R,et al,2001. Changes in the Pasterze Glacier, Austria, as measured from the ground and space[C]. The 58th Eastern Snow Conference:197-193.

HUSS M, 2013. Density assumptions for converting geodetic glacier volume change to mass change[J]. The Cryosphere Discussions, 7(1): 219-244.

LIU L, JIANG L, ZHANG Z, et al, 2020. Recent accelerating glacier mass loss of the Geladandong Mountain, Inner Tibetan Plateau, estimated from ZiYuan-3 and TanDEM-X measurements[J]. Remote Sensing, 12(3): 472.

ROSSANA S B, RICCARDO R, ELISABETTA B, et al, 1999. Glacial retreat in the 1980s in the Breonie, Aurine and Pusteresi groups (eastern Alps, Italy) in Landsat TM images[J]. International Association of Scientific Hydrology Bulletin, 44(2): 279-296.

ZHAO Q, DING Y, WANG J, et al, 2019. Projecting climate change impacts on hydrological processes on the Tibetan Plateau with model calibration against the glacier inventory data and observed streamflow[J]. Journal of Hydrology(573): 60-81.